JN156649

Mapping
the Univers
Exploring &
chronicling
th
cosmos
Anne Rooney

天空の地図

人類は頭上の世界をどう描いてきたのか

アン・ルーニー
鈴木和博 訳

Introduction

何もない場所へ―― 4

Chapter

1 | 世界の中心――12

プトレマイオスからコペルニクスへ

Chapter

2 | 月の地図―― 44

地球唯一の自然衛星

Chapter

3 | 星から惑星へ――68

天空の裏庭

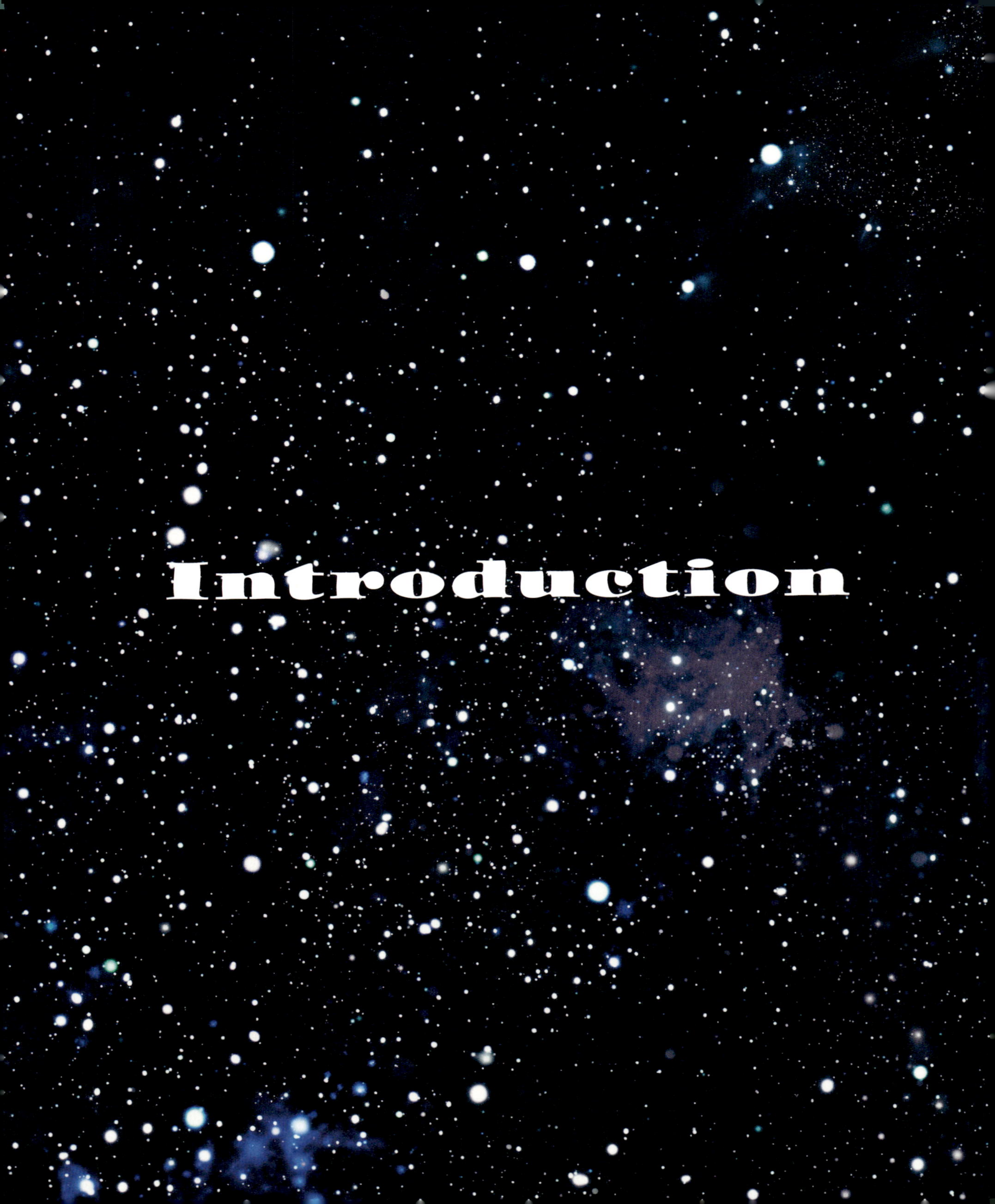

Introduction

何もない場所へ

「そこには一つの総体的な宇宙、一つの広大な空間がある。
それは虚無と呼ぶこともできよう。
その中には、我々が暮らし、成長しているのと同じような
球体が無数存在する。
この宇宙は無限だと宣言しよう。
宇宙が有限であるという理由も、慣習も、可能性も、
感覚による認識も、自然の摂理も存在しないからだ。
そこには、この世界と同じような無限の世界が存在する」

——ジョルダーノ・ブルーノ『無限、宇宙および諸世界について』（1584年）

先人たちは、光に汚染された現在よりもはるかに多くの星々を目にしていた。そして、天空の世界について調べ、地図を作ろうとしたのだろう。現存する最古の遺跡には、太陽や月の動きを追うのに使われたり、特定の星と一直線に並ぶように配置されたと思われるものがある。はるか昔に残された記録は、人々が惑星の動きをたどり、星々の地図を作ろうとした証しなのだ。

極大世界と極小世界

地上の地図と天の地図は、正反対に発展してきた。地上の地図に最初に描かれたのは、人間が徒歩で、もしくは馬や船で到達できるとても狭い範囲だった。文明の発達とともに行動範囲は広がり、地図の範囲も拡大していった。天文学における地図の対極にある。空全体はいつでも即座に見渡せたが、月や惑星を詳細に観測できるようになったのは、まず望遠鏡が発達し、そして人類が宇宙へと旅立てるようになってからだ。広大な天空はさらに巨大化し、複雑化している。光学望遠鏡の発明や、さまざまな電磁放射を検知する機器が発達したおかげで、これまでとは異なる方法で天空を眺めることが可能になり、それまで闇に包まれていた多くのものが姿を見せ始めている。

天空を形に

地上の地図は、社会的、政治的、科学的、哲学的立場を反映している。天の地図にも異なる信条や心理が盛り込まれている。天文現象や観測データの記録には、数千年前まで遡れるものもある。しかし、そのほとんどは理論的な宇宙観に基づくものではない。最初期の擬似科学的な宇宙理論は、2500年ほど前の古代ギリシャで生まれた。神話や宗教的信条ではなく、哲学を基礎とした宇宙像を最初に発展させたのは、古代ギリシャ人だ。その中には、別世界を内包する無限の宇宙、太陽を宇宙の中心とする太陽系、逆に地球を中心とした世界観などが含まれている。

「ガッスールの星」と呼ばれるフレスコ画（コンピュータで拡大した画像）。ヨルダン渓谷に残る住居跡から発見された。およそ6000年前のものと考えられている。

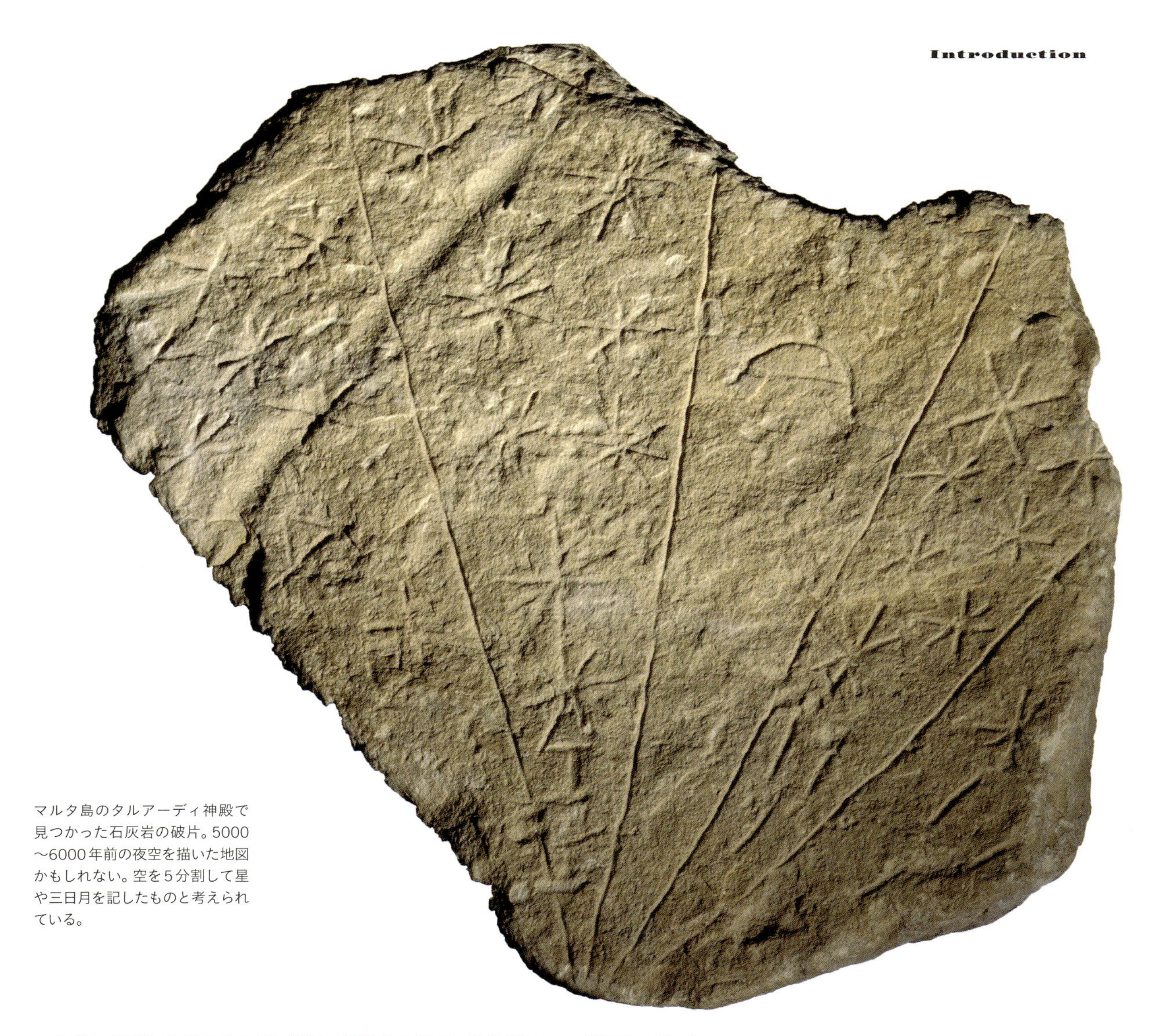

マルタ島のタルアーディ神殿で見つかった石灰岩の破片。5000〜6000年前の夜空を描いた地図かもしれない。空を5分割して星や三日月を記したものと考えられている。

最後に挙げた地球中心の世界観は、紀元前4世紀に哲学者アリストテレスが支持し、紀元2世紀にギリシャ人天文学者プトレマイオスが数学的に発展させて、普及していくことになる。古代世界から北アフリカのアラブ世界に伝わり、やがてヨーロッパに逆輸入され、16世紀まで揺るぎのない地位を獲得する。それに一役買ったのがキリスト教会だ。宇宙は神が人間のために創造した不変かつ完璧なもので、宇宙を動かしているのは神であるという考え方にみごとに合致していたからだ。残念ながら、この宇宙像は誤っていた。

天文学上の大きなパラダイムシフトは1543年に起こる。ポーランド人天文学者ニコラウス・コペルニクスが、太陽を太陽系の中心とする新たな宇宙像を提唱したのだ。これによって、神の秩序の中に閉じ込められていた宇宙は、無限に広がる宇宙に変容し、天の地図も改められることになった。ところが、この新しい宇宙像を多くの天文学者たち（と教会）が受け入れるには、200年以上を要することになる。

観測技術の向上

コペルニクスの死後100年にも満たない1609年、次の大きな変化が訪れる。望遠鏡が発明されたのだ。すぐに、驚くべき新事実が次々ともたらされた。他の星は依然として点に過ぎなかったが、惑星はもはや単なる光の点ではなく、円形に見えるようになった。月の表面は滑らかではなくでこぼこだったし、衛星を持つ惑星があることも、銀河は無数の星々の集まりであることも明らかになった。天文学者たちは、惑星や月の表面、それまで見えなかった星を記録するようになり、多くの地図が作られた。

望遠鏡が改良され、その後も目に見える宇宙は広がっていく。19世紀初頭、科学者たちは太陽(やその他の星)が発する光には、「指紋」とでもいうべきスペクトルがあることを発見した。そこから、その星の化学的組成や温度がわかるようになった。こうして、分光法と呼ばれる手法は、その後の天文学に欠かせない技術となる。20世紀には、電波望遠鏡を初めとする各種の望遠鏡や検知器が登場し、宇宙を調査して記録する方法はさらに発達した。そして20世紀後半に、人類が宇宙に進出したことで次の段階へと進むことになる。今では、宇宙空間に持ち込まれた望遠鏡や人工衛星や惑星探査機のおかげで、月や太陽系の惑星の詳細な地図が作成できるようになった。近代と呼ばれる時代が始まったころの天文学者には想像すらできなかったことだ。

天文台での観測

技術の向上は、天の地図を作る作業を容易にしてきた。しかし、我々の先祖たちには、そのような機器の持ち合わせはなかった。天文台を作って星々の動きや位置を観測し記録するという行為は、中国で生まれ、インドや中東を経てヨーロッパに伝わった。当時は、専門の天文学者が器具を用いて観測を行い、暦の維持、天体の動きの予測、事象の予知などに不可欠な情報を支配者に提供していた。

宇宙空間に望遠鏡を持ち込めば、地球の大気の影響を受けることはなくなる。そのため、地球上のどんな機器よりも遠くの光を集めることができる。

[次ページ] 16世紀、コンスタンティノープル(現在のイスタンブール)の天文学者タキ・アッ=ディーンの天文台でさまざまな器具を扱う天文学者たち。

زکیسو رصد خانه مختصر
نمودند نزدیکی آن مقر
درو پانزده اهل علم گزین
شدند از پی خدمت تقی دین
پس انکه ترصید مر یک ازان
بشد پنج تا فاضل نکته دان

肉眼による観測

初期の代表的な天体観測器具に、アーミラリ天球儀、四分儀、六分儀がある。

アーミラリ天球儀は、黄道（見かけ上の太陽の通り道）を基準とした座標系を使って天体の位置を求める器具で、イスラム圏やヨーロッパ中世の天文学者が活用した。中心には地球を表す球体があり、黄道、天の赤道、経線などを表す複数のリングが取り囲んでいる。観測者は、経線を表す固定されたリングが南北方向かつ地平線に対して垂直になるように調整し、緯度を合わせる。次に、太陽あるいは黄経（黄道上の位置）が判明している星を見て向きを合わせる。これで各リングからその他の天体がある方向や座標がわかる仕組みだ。初期のアーミラリ天球儀は古代中国と古代ギリシャで別々に発明され、後にアラブの天文学者がさらに改良を加えた。

四分儀と六分儀は、分度器の一部のような形をしている。四分儀は円の四分の一、六分儀は六分の一の扇形で、天体の仰角を測る照準器または目盛りがついている。小型で持ち運び可能なものもあれば、天文台に設置されるほど大型なものもあった。

天文学者たちは、こうした器具や後には望遠鏡を使って、銀河系の星々の位置を記録してきた。

16世紀、大型のアーミラリ天球儀を扱うトルコの天文学者たち。

天文学と占星術

現在では、天の地図を作るのは天文学者の仕事であり、天体現象と人間の営みを結びつけるのは占星術師の領域だと考えられている。しかし、かつては、天文学と占星術は同一視され、違いがあってもその差はわずかだった。古代中国の天文学者たちは、星図を作成して天文学上の珍しい現象を発見したり、運がよければそれを予測できたりした。そういった現象は、地球にとって非常に重要で、災害や変化の予兆だと信じられていた。ルネサンス後期のヨーロッパでさえ、天文学と占星術は密接につながっており、著名な天文学者でも、支配者層向けに星占いを行っていた。現在では、占星術は非科学的だと考える人も多いだろう。しかし、観測技術を向上させ、天の地図作りの動機となり、天文学の発展に大きく貢献してきたのは占星術なのだ。

地図作りの挑戦は続く

近年、天文学者たちは銀河系外の星を眺めたり、別の銀河系を発見したり、宇宙の広大さを垣間見ることができるようになった。天文学における地図作製への挑戦は、太陽系外惑星の探索から宇宙のマクロ構造にまで及ぶ。太陽系内でも、他の惑星や衛星の表面、その内部構造を記した地図の製作が始まっている。Google Earthは拡張し、月や火星を探検できるGoogle MoonやGoogle Marsまで生まれている。しかし、地図として描き出すべき世界はまだまだたくさん残されている。15世紀後半に地上の地図を作製した人々は、地球上には当初考えていたよりも多くの土地や海があることに気づいた。宇宙でも、記録すべき場所や領域の発見は続いている。

望遠鏡発明以前の最後の偉大な天文学者と称されるのが、デンマーク人のティコ・ブラーエだ。ここに描かれている壁面四分儀は、デンマークの島に建てられたウラニボリ天文台のもの。アーチ型の窓の向こうには、小さな六分儀とアーミラリ天球儀が見える。

Mapping the Universe

Chapter

1

The Centre of All Things

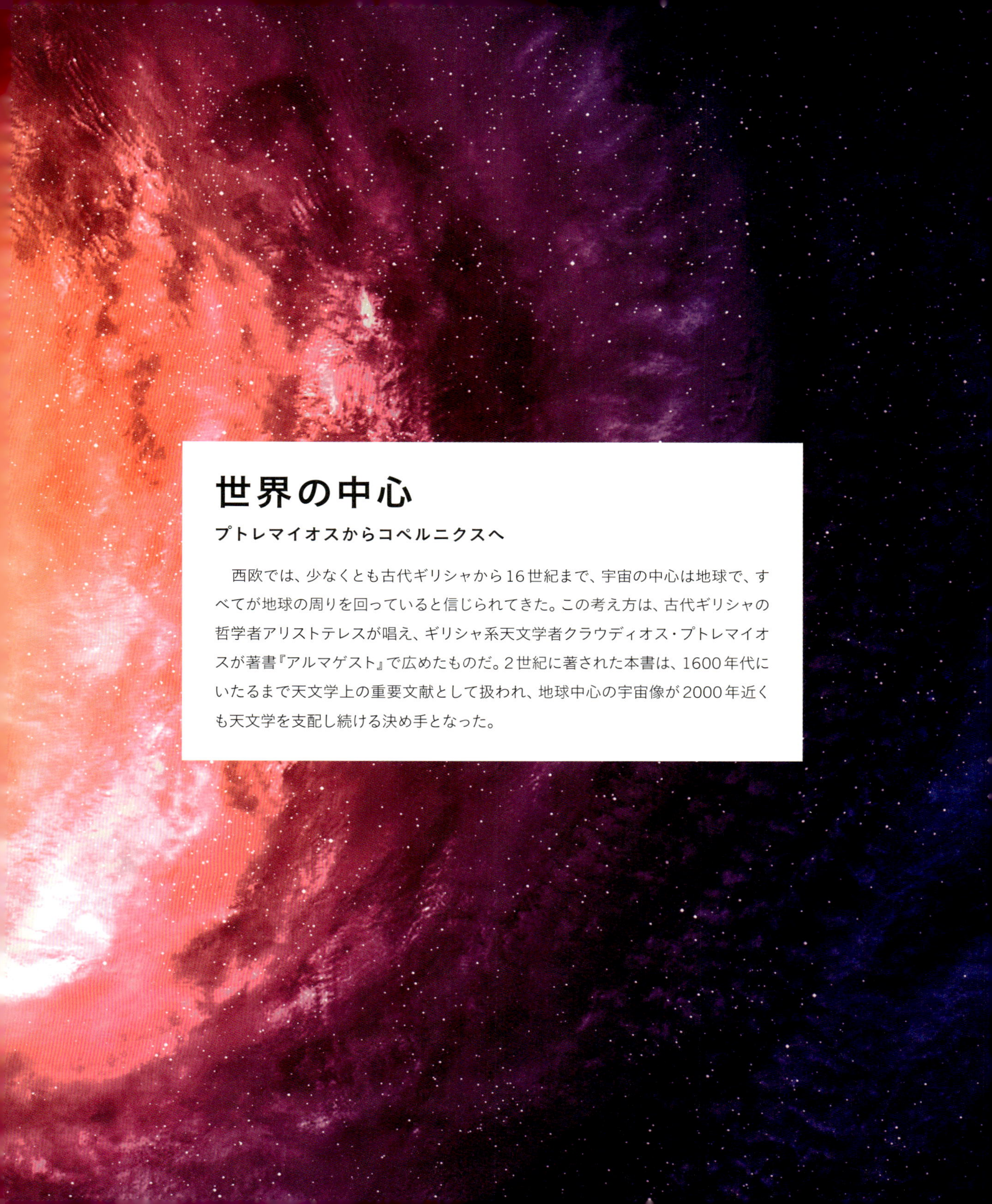

世界の中心

プトレマイオスからコペルニクスへ

西欧では、少なくとも古代ギリシャから16世紀まで、宇宙の中心は地球で、すべてが地球の周りを回っていると信じられてきた。この考え方は、古代ギリシャの哲学者アリストテレスが唱え、ギリシャ系天文学者クラウディオス・プトレマイオスが著書『アルマゲスト』で広めたものだ。2世紀に著された本書は、1600年代にいたるまで天文学上の重要文献として扱われ、地球中心の宇宙像が2000年近くも天文学を支配し続ける決め手となった。

内包する宇宙

　知られているかぎり、古代アッシリア人や古代エジプト人は、宇宙を複数の層からなるドーム型、箱型または円筒型だと考えていた。地表の下には地下世界があり、地上には大気があり、その上空に星々の世界が広がっている。さらにその上には、1つまたは複数の天空の世界があるとされた。これは、科学というより神話から生まれた宇宙像だ。

バビロニアの宇宙観。世界は3層の天空と1層の地底に分かれており、全体が天の海に覆われている。

[次ページ]古代エジプトの宇宙観。天空の女神ヌトが地球に覆い被さるようにして空と星々を支えている。紀元前1137年に造られたラムセス6世王墓の天井画より。

アナクシマンドロスの天球

　宇宙の構造を初めて論じたとされるのは、古代ギリシャの哲学者アナクシマンドロス（紀元前610年頃～紀元前546年）だ。彼は科学者というより形而上学者だが、その説は神話に依拠するものではなく、観測に基づいている。アナクシマンドロスは、宇宙を３つの重要な段階で説明する。あらゆる事象がこれで説明できると考えたからだ。

・天体（星、惑星、月）は真円運動を行っており、地球の上空だけではなく裏側も通過する。
・地球は、宇宙空間で何の支えもなく浮いている。
・天体は、地球を取り囲む球面上に配置されているが、その面は１つではない。中心にある地球は、複数の球面によって同心球状に囲まれている。

　アナクシマンドロスは、地球は厚い円盤状の形をしており、直径は高さの３倍あると考えていた。人々はその表面で暮らしており、地球が落下しないのは、すべての方向から等しく力を受ける中心に位置しているからだと説明した。不思議なことに、アナクシマンドロスの宇宙像では、星々が存在する球面が地球に最も近い。その先に月があり、太陽は最も地球から遠かった。

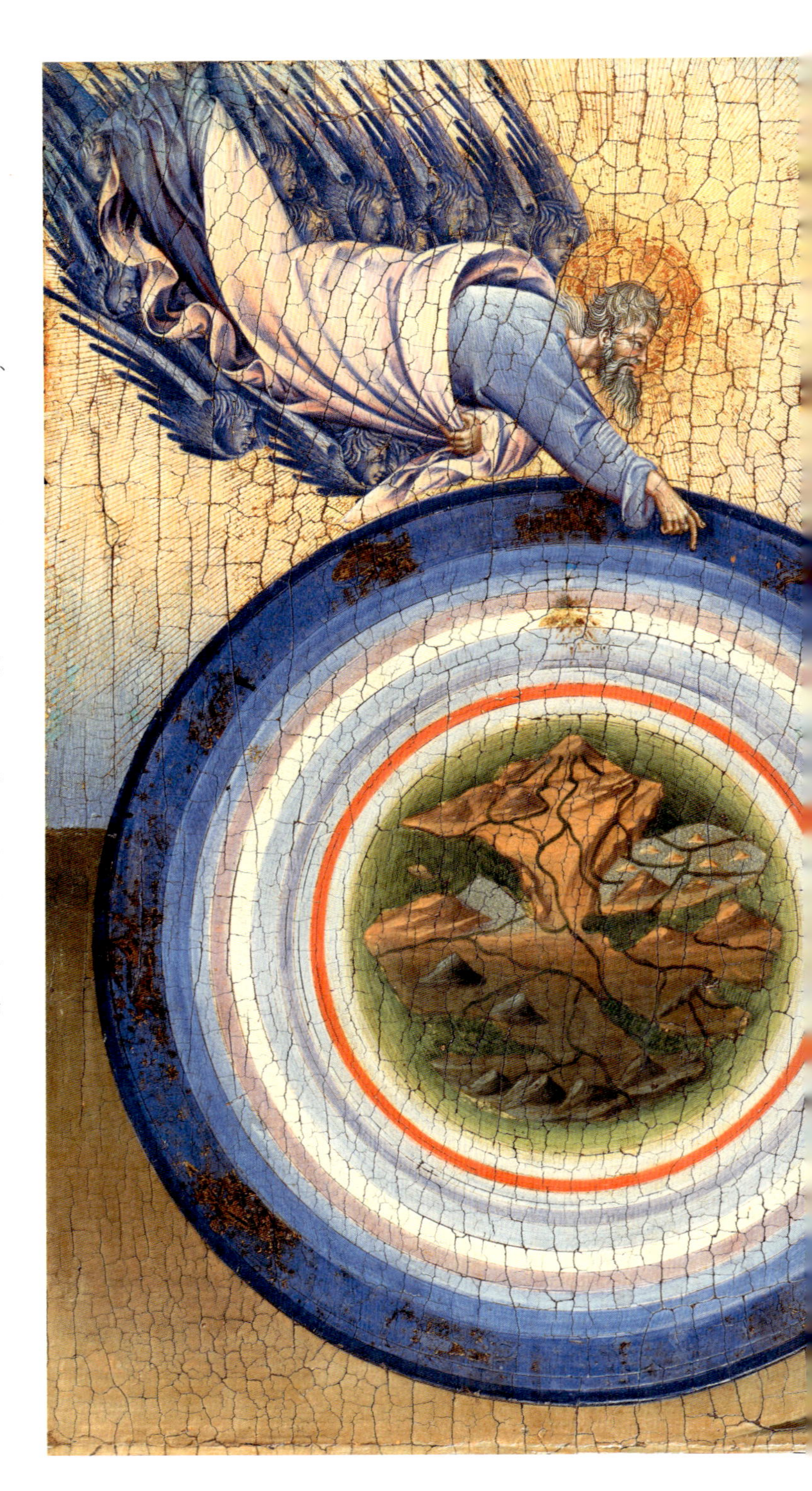

太陽中心か地球中心か

アナクシマンドロスから250～300年後、サモス島のアリスタルコス（紀元前310年頃～紀元前230年頃）が、宇宙の中心は地球ではなく、太陽だと提唱した。彼もまた、同心球で宇宙を説明する。太陽の次に地球（球体であるとされた）があり、その次に他の惑星があり、最も離れた面に恒星がある。アリスタルコスは、地球は1日に1回自転し、1年に1回太陽の周りを公転していると考えた。さらに、星々を遠くにある太陽だとした。残念ながら、この宇宙像が広まることはなく、太陽と地球の位置関係が正されるまで2000年近くを要することになる。

後世に大きな影響を残した古代ギリシャの哲学者アリストテレス（紀元前384～紀元前322年）は、地球中心の宇宙像を支持した。アリストテレスは、地表より上にある領域を2つに分けている。1つは、地表から月の軌道となる球面までの領域、もう1つは、月とそれより遠くにあるものすべてを含む領域だ。2つ目の領域は、揺るぎない完璧な世界だと考えられた。しかし、地球中心の宇宙像はいずれ覆されることになる。

神が同心円状の宇宙を創造する様子を描いたイタリア人画家ジョバンニ・ディ・パオロの作品。中心には地球、外側には黄道十二宮が描かれている。

惑星の謎

惑星の動きを1年間観測すれば、地球の周りを単純に惑星が回っている宇宙像を受け入れることはできなくなる。惑星は、接近や後退を繰り返す小さな円運動をしながら進んでいるように見えるからだ。そこで、ペルガのアポロニウス（紀元前262〜紀元前190年）は、惑星が周転円と呼ばれる小さな円軌道をとりつつ、地球の周りを回っていると考えた。しかし、この説では、地球が中心からずれた位置になければ成り立たないため、地球を中心とする宇宙像のモデルからは逸脱してしまう。

2世紀、天文学者プトレマイオスがとうとうこの考え方を進化させる。惑星は周転円上を移動し、その周転円の中心が偏心（空間のある1点）である軌道を回っているというものだ。プトレマイオスは、地球から偏心までの距離と等しく、偏心を挟んでちょうど地球の反対側にある場所をエカントと呼んだ。惑星の速度がエカントに対して等しいなら、エカントから観測できれば、惑星の周転円の中心は常に同じ角速度で動くことになる（すなわち、同時間内に同角度の弧だけ移動する）。この説によれば、惑星はアリストテレスが要求した真円運動をとることになり、地球から見た惑星の軌道がずれていることも説明できる。何より、この説によって惑星の位置をかなり正確に予測できるようになった。

プトレマイオスは、天体を「オーブ」と呼ぶ同心球状の透明な球体上に配置した。地球から最も近い位置に月があり、水星、金星、太陽、火星、木星、土星と続き、その外側にあるオーブに恒星があると考えた。

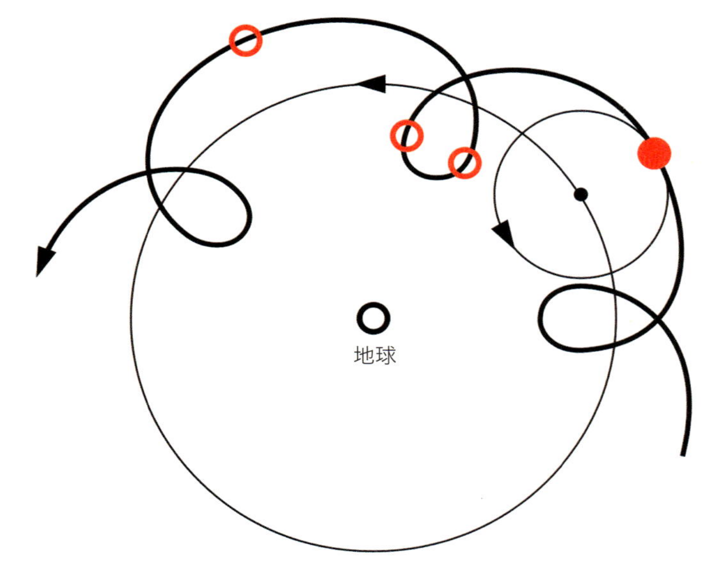

惑星（赤）は周転円上を移動しつつ、地球の周りを回る。

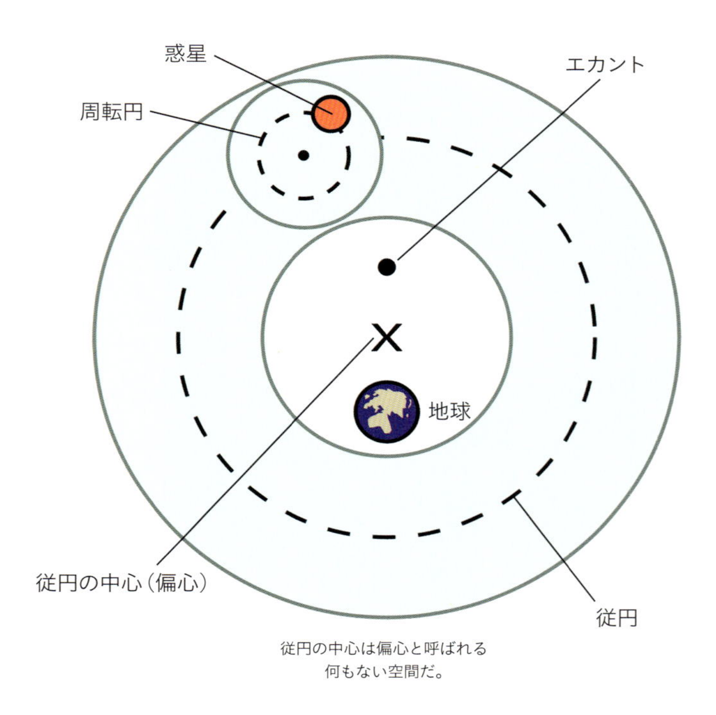

従円の中心は偏心と呼ばれる
何もない空間だ。

13世紀後半の装飾写本。太陽と月が地球の周りを回るプトレマイオスの宇宙が描かれており、左下は月食、右下は月の満ち欠けを説明している。金色の円は月や太陽が配置されている透明な球体を表す。地球と月の間にある赤いものは火だが、月より遠くにあるものはすべてエーテルでできているとされた。

宇宙像の変容

1543年、ついにプトレマイオスの宇宙像に異を唱える説が現れた。ニコラウス・コペルニクスが著書『天球の回転について』で太陽を中心とする太陽系を提唱したのだ。ただ、コペルニクスは、惑星が太陽を中心とした周回軌道をとるとしたものの、惑星の運動を予測する点では、プトレマイオスを上回る精度を出せなかった。また、キリスト教会が容認しないという決定的に不利な状況もあり、100年余りにわたって、その主張は広まるどころか、禁止されることになる。結局、彼の説が陽の目を見るのは、1758年になってからのことだ。

現在まで通用する太陽系像を提案したのは、ドイツ人天文学者ヨハネス・ケプラーだ。彼のモデルは、数学的にだけでなく、宇宙からの観測によっ

観測によってプトレマイオスの宇宙を否定する明らかな結果が得られたわけではない。上に示すのは、日食について説明した中世の図だ。天文学的な現象は、天動説でも地動説でもうまく説明することができた。

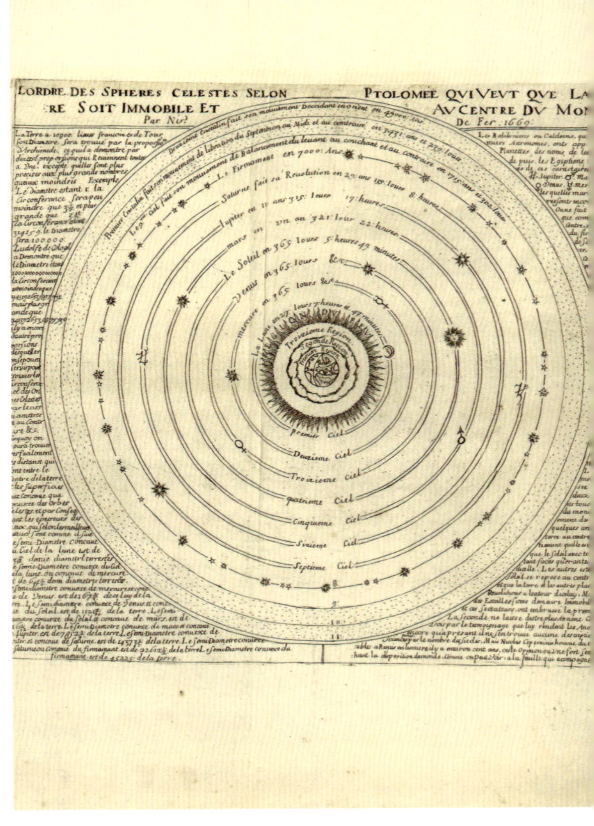

プトレマイオス（左）、コペルニクス（中央）、ティコ・ブラーエ（右、P.38参照）の宇宙を図示したもの。フランスの地理学者兼地図製作者のニコラス・ド・フェール（1646～1720年）が1669年に作成した図。

ても確認されている。1605年、ケプラーは、惑星は真円ではなく楕円軌道で太陽を周回していると考え、これで惑星の運動が明確に説明できるようになった。しかし当時は、彼の説が正しいという確かな証拠は何もなかった。

天動説と地動説の間には、中間的な案もいくつかあった。天文学者たちの間では議論が続き、天の地図を作ろうとした人々も主だった説の代替案を発表しつづけた。それぞれの体系の賛否をめぐる議論は平行線をたどり、真実を求めて合理性や欠陥を比較する試みが繰り返された。

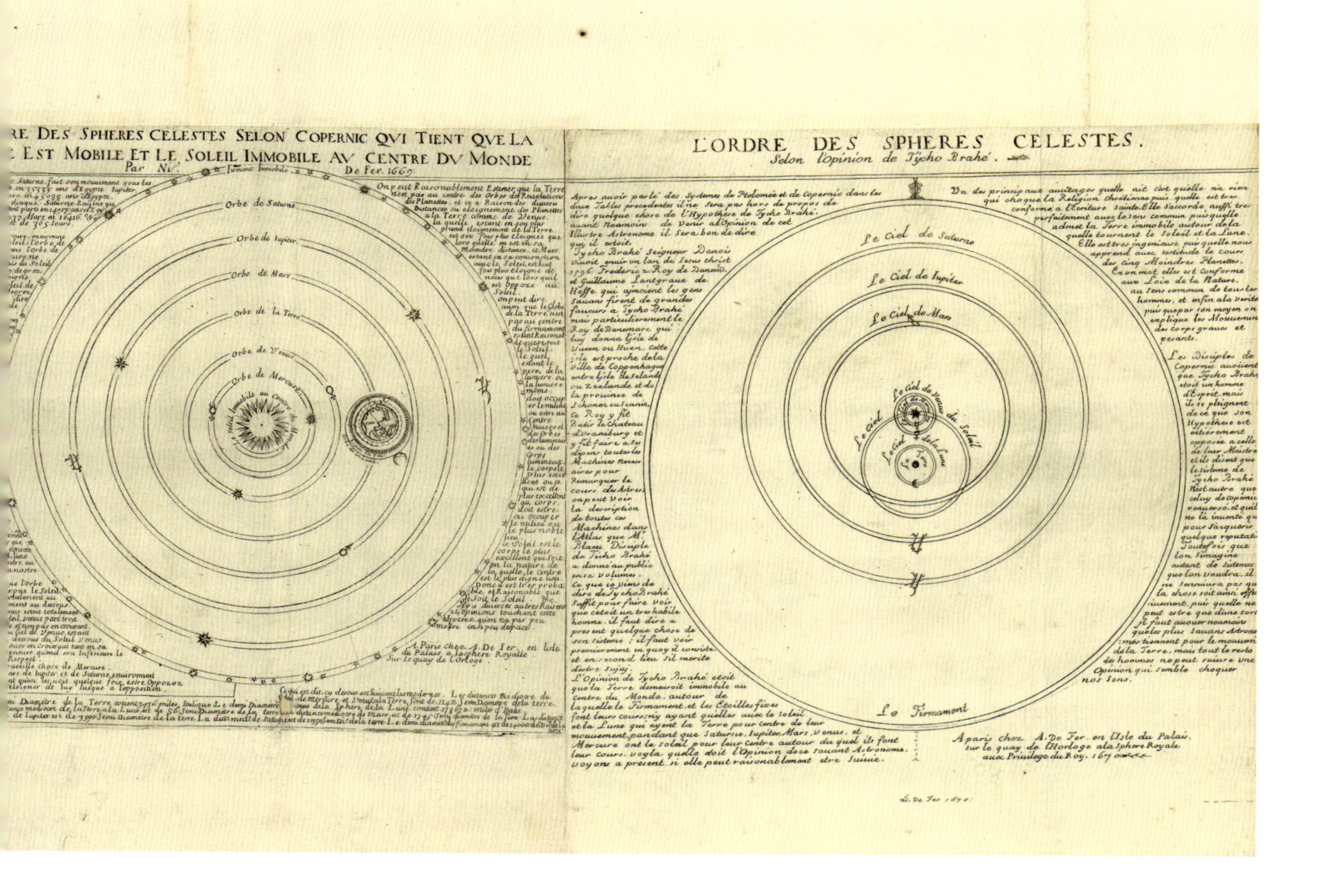

Aratus, Phaenomena

アラートス『現象』

この図は11世紀のフランスの写本で、紀元前3世紀の古代ギリシャの詩人アラートスによる叙事詩のラテン語訳だ。『現象』はクニドスのエウドクソスの散逸した著書を韻文化したものだ。星座に関する記述はあるが、惑星についてはわずかに曖昧に触れているだけだ。その中でアラートスは、「惑星はすべてすぐに向きを変える」と述べ、「それを考えると私の勇気は失われる」と告白している。また、エウドクソスの説に関する注解も記されており、それぞれの天体の動きを、多くのオーブを駆使した複雑な体系で説明している。例えば、月の複雑な運行には3つのオーブが想定されている。ここに掲げた図では、中心にあるのは地球だ。最も近くに位置する月には少なくとも2つのオーブが見える。水星と金星はともに炎の王冠を戴いた太陽のオーブ上にあり、太陽は地球の周りを回っている。火星、木星、土星も独自の円運動を行っている。外側の円には、1年のそれぞれの月を表す図とともに、黄道十二宮が描かれている。　[11世紀]

MERIDIES
ORIENS
OCCIDENS
ASIA
SOL
BIBLIOTHEQUE PUBLIQUE Boulogne Sur Mer

Angels Make the World Go Round, Breviari d'Amor

『愛の聖務日課』より、世界を回す天使

プトレマイオスの宇宙像を描いたこの図は、天球や天体とはあまり関連がないものの、世界全体が回転する仕組みが示されている。そこでは、天使がハンドルで「原動天」と呼ばれる一番外側にある球体を動かしており、それに連動して他の球体が動いている。中世では、天体自体が動くのではなく、オーブの動きで天体が運ばれていると考えられていた。オーブを外側から動かす力は「第一運動者」と呼ばれた（キリスト教の宇宙では、神がこれに当たる）。

図の中心にある地球は4つに分かれており、それぞれが地球の組成、すなわち古代ギリシャで元素と考えられていた空気、火、水、土を表している。この図は、マトフル・エルマンゴーが1290年頃に編纂した『愛の聖務日課』と呼ばれる韻文百科事典の写本に収録されている。写本は14世紀初頭のフランスのプロバンスで作られたと見られている。

［1300年頃］

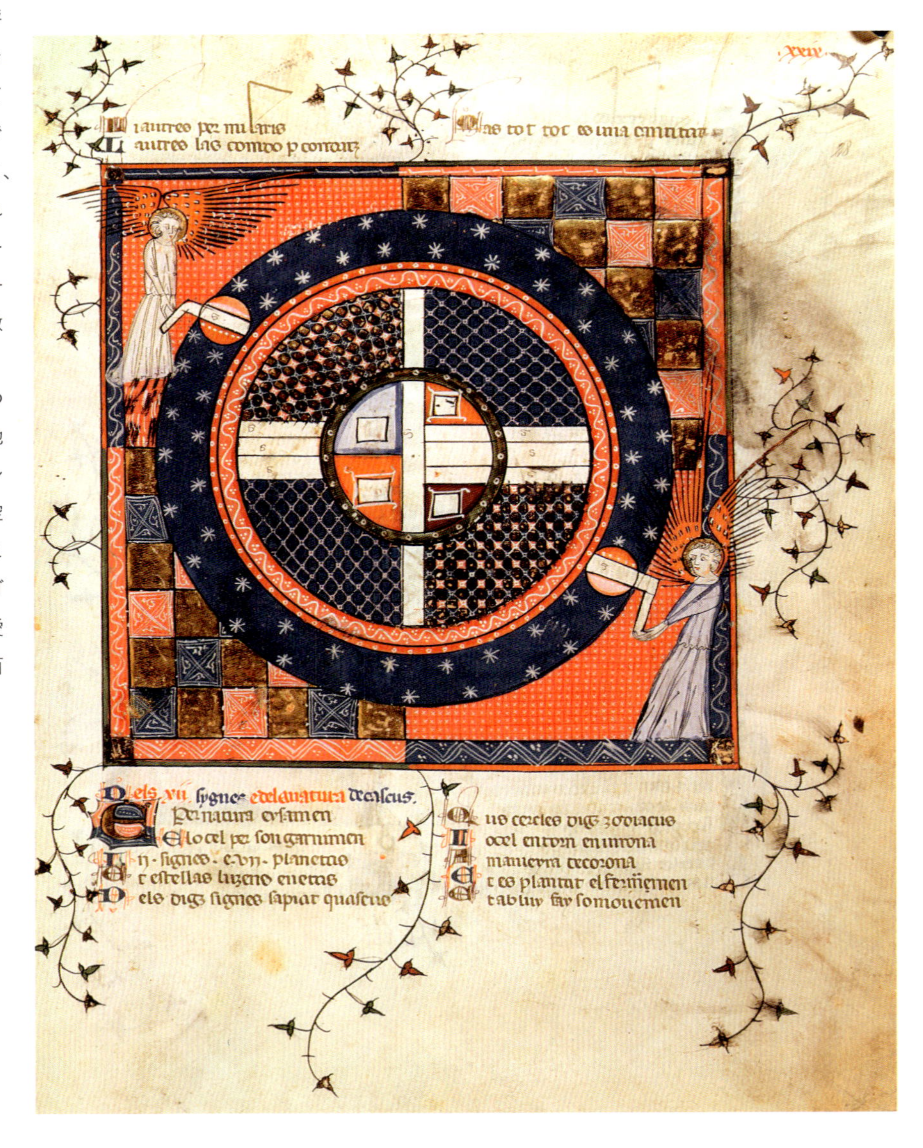

Abraham Cresques, Catalan Atlas

アブラハム・クレスケス、カタルーニャ図

このカタルーニャ図は、中世で最も重要な地図帳かもしれない。マヨルカ島のユダヤ人地図製作者アブラハム・クレスケスによるものとも言われており、6葉の細長い犢皮紙（とくひし）（羊皮紙の一種）でできている。そのうち4葉は地球の地図で、残り2葉（右図はそのうちの1葉）にはプトレマイオスの世界観に基づく宇宙が描かれている。

中心にある地球は、アストロラーベと呼ばれる観測器具を持つ天文学者として表されている。その外側には、古代の四大元素のうち土以外の3つ（水、空気、火）を示す円があり、さらにその外側には、月と太陽、そして5つの既知の惑星を配したオーブが存在する。その次に黄道十二宮があり、宇宙の構造を示す部分はそこで終わっている。次の円には月の位置と満ち欠けが、その次には6つの円があり、太陰暦と、月が黄道十二宮のそれぞれの場所にある際の占星術的な意味が書かれている。その外側にあるのは数学的な情報で、円が360度に分割され、黄金数についての説明が記されている。四隅には、4つの季節を擬人化した絵が描かれている。　［1375年］

Konrad von Megenberg, Ptolemaic Universe

コンラート・フォン・メゲンベルク、プトレマイオスの宇宙

通常、プトレマイオスの宇宙像では、地球を取り囲むオーブや球体の全容が表現される。それは外側から宇宙を見た姿、いわば神の視点によるものだ。コンラート・フォン・メゲンベルクは著書『自然についての本』で、より身近な視点を示している。図に描かれているのは、ひと区画の小さな土地と、帯状に表現された球体の一部だ。地表のすぐ上には、炎の帯があり、惑星も星と同じように表現されている。望遠鏡の発明以前は、惑星と恒星を視覚的に区別することができなかった。月と太陽には顔が描かれているが、月はかなりみじめな表情を浮かべている。 ［1481年］

Hartmann Schedel, Nuremberg Chronicle

ハルトマン・シェーデル『ニュルンベルク年代記』

　ラテン語版とドイツ語版で出版された『ニュルンベルク年代記』は、挿絵入り活版印刷の最初期のもので、聖書をもとにした人類の歴史が記されている。木版画による挿絵に描かれているのは、世界創造の最後の日だ。その場面に、プトレマイオスの宇宙像を完全な形で見ることができる。

　ここでは、まず中央に元素天があり、地球が水、空気、火の順に覆われていて、さらにその周りを天球が取り囲んでいる。天空（ファーマメント）と呼ばれる恒星天の外側に「水晶天」があり、その次に原動天が続く。水晶天は、『創世記』の天地創造の場面で、天空の上に存在すると書かれた水の説明として配置されている。原動天の先には、神の意識である「至高天」と、さまざまな階級の天使たちで満員の領域がある。これは、13世紀の神学者トマス・アクイナスの思想体系に基づいている。

［1493年］

Vonbeheyligung des sibenden tags

ALs nw die werlt durch das gepew götlicher weißheit der sechs tag: volēdet vn̄ himel vn̄ erdē beschaffē geordnet gezieret vn̄ zu letst volbracht wordē sind. do hat der glori wirdig got sein werck erfüllet vn̄ am sybendē tag von den wercken seiner hendt geruet. nach dē er die gantzē werlt vnd alle ding die dar in sind beschaffen het do hat er auffgehört. nit als zewürcken muede. sunder zemachen ein newe creatur ð materi oder gleichnus nit vergangē wer dan̄ er hort nit auff zewürcken das werck der geperungen. vnd der herr hat den selbē tag gebenedeyet vn̄ geheiligt vnd ine geheyssē sabathū. das nach hebreyscher zūgē ein rue bedeüttet darūmb das er an dē selben tag ruet vō allem werck das er gemacht het. do vō auch die iuden an dem tag vō aigner arbait zefeiren erkant werdē. Dē selbē tag habē auch ettlich haidenische völker vor dem gesetz feirlich gehaltē. vnd also sein wir zū end der göttlichen werck komē. darūmb so söllen wir dē in dem alle sichtliche vnd vnsichtliche ding sind. förchten. liebhaben vnd eren. vnd von dem herren des himels. von dem herren aller gütter. dem gewalt gegebē ist in himel vnd erden. die gegenwürtigen güter. souer die gut sind. vnd auch die waren seligkait des ewigen lebēs suchen.

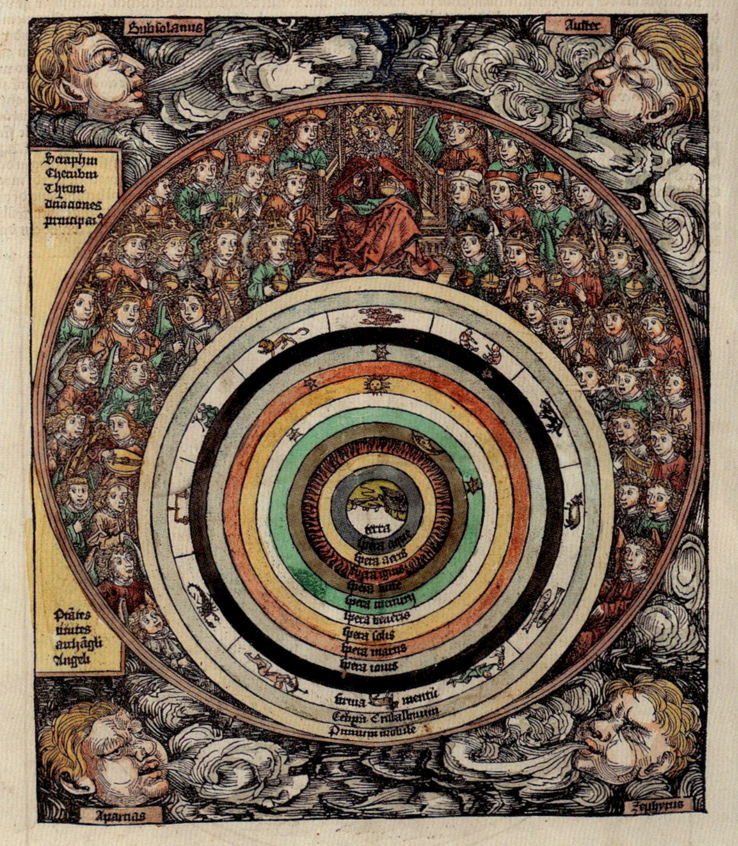

William Cuningham, Atlas Carrying the Heavens

ウィリアム・カニンガム、天球を支えるアトラス

ここに示す地球と天球を支えるアトラスの図は、ウィリアム・カニンガムの『宇宙誌、地理、海図作成、あるいは航海術に関する快い原理を含む宇宙誌の鏡』所収のものだ。天球はアーミラリ天球儀の形をしており、黄経や黄緯、黄道、天の赤道などを表すリングが中心にある地球を立体的に取り囲んでいる。

標準的なプトレマイオスの世界観が、アーミラリ天球儀のフレームで区分けされている。空気と火が地球の周囲を取り囲み、次いで、月、太陽、惑星、恒星、水晶天、原動天の順にそれぞれのオーブで覆われている。この図では、錬金術のシンボルが惑星に使用されている。奇妙なことに、アトラスは自らが支えているはずの地面に立っており、その頭上にも月や星が輝いている。　［1531年］

Nicolaus Copernicus, The Solar System

ニコラウス・コペルニクス、太陽系

素朴で控え目な太陽系のこの図こそ、人類の歴史の大きな転換点を示している。ポーランド人天文学者ニコラウス・コペルニクスの地動説に関する論考は、死の直前の1543年に出版された。地球や惑星が太陽の周りを回っているという考え方は、プトレマイオスの説を覆すものだった。コペルニクスは、この説が波紋を呼ぶと危惧していたのかもしれない。実際そうなったのだが、彼自身は出版後間もなくこの世を去ったため、その結果の責任を負うことはなかった。

教会はしばらくの間、これを数学的仮説として黙認していた。しかし、ガリレオ・ガリレイをはじめとする面々が、これこそ真の宇宙の姿だとして支持し始めると、コペルニクスの本は禁書にされ、その理論を広めることも禁じられた。コペルニクスの説を支持する天文学者も多かったが、当初は広く受け入れられることはなかった。実際、プトレマイオスのモデルを超える精度で惑星の動きを予測することができなかった上、教会の激しい反発が障害となった。

コペルニクスの図には、地球を含む惑星が太陽の周りを回り、月は地球の周りを回ることがはっきりと示されている。恒星は位置が変わらないとされ、プトレマイオスの宇宙像に存在したオーブは姿を消している。神の領域とされた場所もその例外ではなかった。 ［1543年］

NICOLAI COPERNICI

net, in quo terram cum orbe lunari tanquam epicyclo contineri
diximus. Quinto loco Venus nono menſe reducitur. Sextum
deniq; locum Mercurius tenet, octuaginta dierum ſpacio circū
currens. In medio uero omnium reſidet Sol. Quis enim in hoc

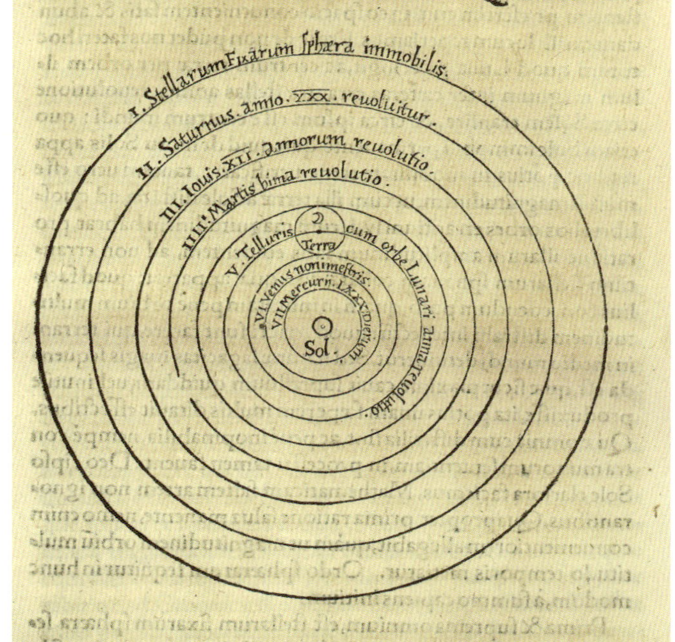

pulcherrimo templo lampadem hanc in alio uel meliori loco po
neret, quàm unde totum ſimul poſſit illuminare? Siquidem non
inepte quidam lucernam mundi, alij mentem, alij rectorem uo-
cant. Trimegiſtus uiſibilem Deum, Sophoclis Electra intuentē
omnia. Ita profecto tanquam in ſolio regali Sol reſidens circum
agentem gubernat Aſtrorum familiam. Tellus quoque minime
fraudatur lunari miniſterio, ſed ut Ariſtoteles de animalibus ait,
maximam Luna cum terra cognationē habet. Cōcipit interea à
Sole terra, & impregnatur annuo partu. Inuenimus igitur ſub
hac

Bartolomeu Velho, Ptolemaic Universe

バルトロメウ・ベーリョ、プトレマイオスの宇宙

この宇宙図は、1568年にポルトガルの地図製作者バルトロメウ・ベーリョが作成した。当時知られていた世界地図が中心に据えられている。ただし、コペルニクスの『天体の回転について』刊行から25年もたっているにもかかわらず、プトレマイオスの宇宙像が用いられている。

世界地図には、オーストラリアと南極は存在しない。当時のヨーロッパではまだ発見されていなかったからだ。太陽、月、既知の惑星と恒星は、真円を描いて地球の周りを回っており、それぞれの円には軌道周期が記されている。中心から順に、月が27日8時間、水星が70日7時間、太陽が365日、火星が2年、木星が12年、土星が30年、恒星が3万6000年となっている。　［1568年］

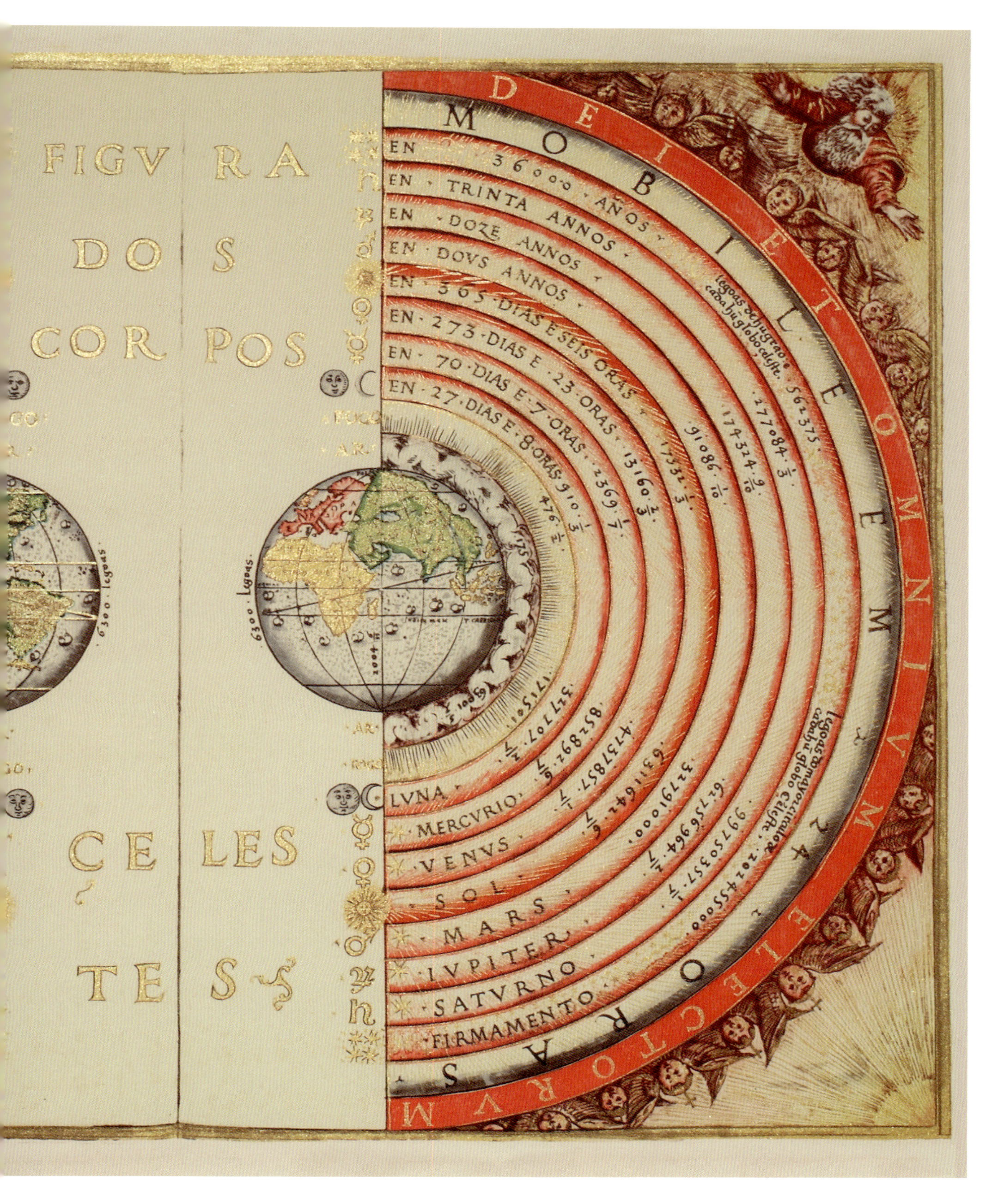

FIGV RA
DOS
CORPOS
CELES
TES
EN 36000 AÑOS
EN TRINTA ANNOS
EN DOZE ANNOS
EN DOVS ANNOS
EN 365 DIAS
EN 273 DIAS E SEIS ORAS
EN 70 DIAS E 23 ORAS
EN 27 DIAS E 7 ORAS
LVNA
MERCVRIO
VENVS
SOL
MARS
IVPITER
SATVRNO
FIRMAMENTO
6300 legoas

Seyyid Loqman Ashuri, Zubdat-al Tawarikh

セイイド・ロクマン・アシュリ『諸史の精髄』

『諸史の精髄』と呼ばれるトルコの写本の冒頭に収められている、預言者の「夜の旅」(夜間、ムハンマドがエルサレムまで飛び、さらに昇天して神より啓示を得た夢のこと)を描いた図だ。この細密画では、宇宙の中心にある地球が7つの天球、黄道十二宮の記号、そして月宿に囲まれている。中国、インド、イスラムの天文学では、月の通り道を黄道に沿って28分割し、それを月宿と呼んだ。月宿それぞれには13日が割り当てられている。　［1583年］

Giovanni Riccioli, Almagestum Novum

ジョバンニ・リッチョーリ『新アルマゲスト』

ジョバンニ・リッチョーリの著書『新アルマゲスト』の口絵(下)には、コペルニクスの世界観と、ティコ・ブラーエ(P.38参照)が提唱してリッチョーリ自身が改良した世界観を比較する様子が寓話的に描かれている。宇宙体系について、最も詳細まで考え抜かれた著作であり、ガリレオがプトレマイオスとコペルニクスの体系を比べて1633年に著した『二大世界体系についての対話』をもしのぐかもしれない。リッチョーリの世界観(天秤の右側)では、水星、金星、火星は太陽の周りを回っているが、太陽と木星と土星は地球の周りを回っている。リッチョーリが時代遅れだと見なしたプトレマイオスの天動説は、床に捨てられている。上方にいるキューピッドたちが手にしているのは、惑星や太陽や月、そして彗星だ。彗星は、プトレマイオスの世界観を覆す重要な証拠である。右側に描かれているのは、木星と土星だ。土星はまだ環が発見されていないため奇妙な形をしており(P.102参照)、木星には縞模様が描かれている。天秤は、リッチョーリとティコ・ブラーエの世界の方に傾いている。［1651年］

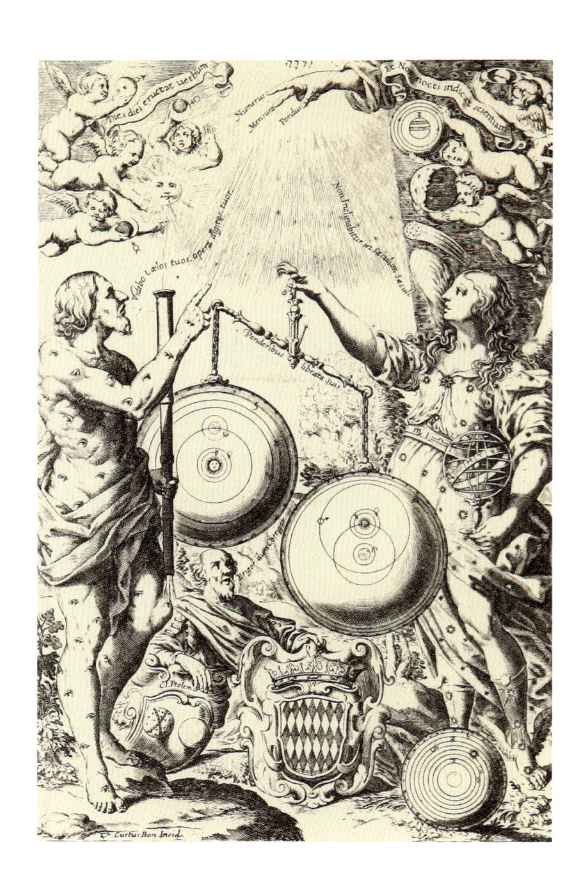

Andreas Cellarius, Aratus Planisphere

アンドレアス・セラリウス、アラートスの平面天球図

ドイツ人宇宙誌家アンドレアス・セラリウスの『大宇宙の調和』は、1660年に初版が出版された。右に掲げたアラートスの平面天球図は、22〜23ページで紹介したものと同じ構造だ。図の両端下には、地球儀や天球儀を検分する学者たちがおり、惑星は神話の神々で表されている。

『大宇宙の調和』は、地図製作者として著名なゲラルドゥス・メルカトルが当初構想した地図帳『クロノロジカ』の最終巻となる7巻目に相当するもので、当時知られていた宇宙全体を扱っている。しかし、メルカトル自身は完成を待たずにこの世を去る。『大宇宙の調和』ではまず相反する世界観の諸説が、次の部で星座が扱われている。［1660年］

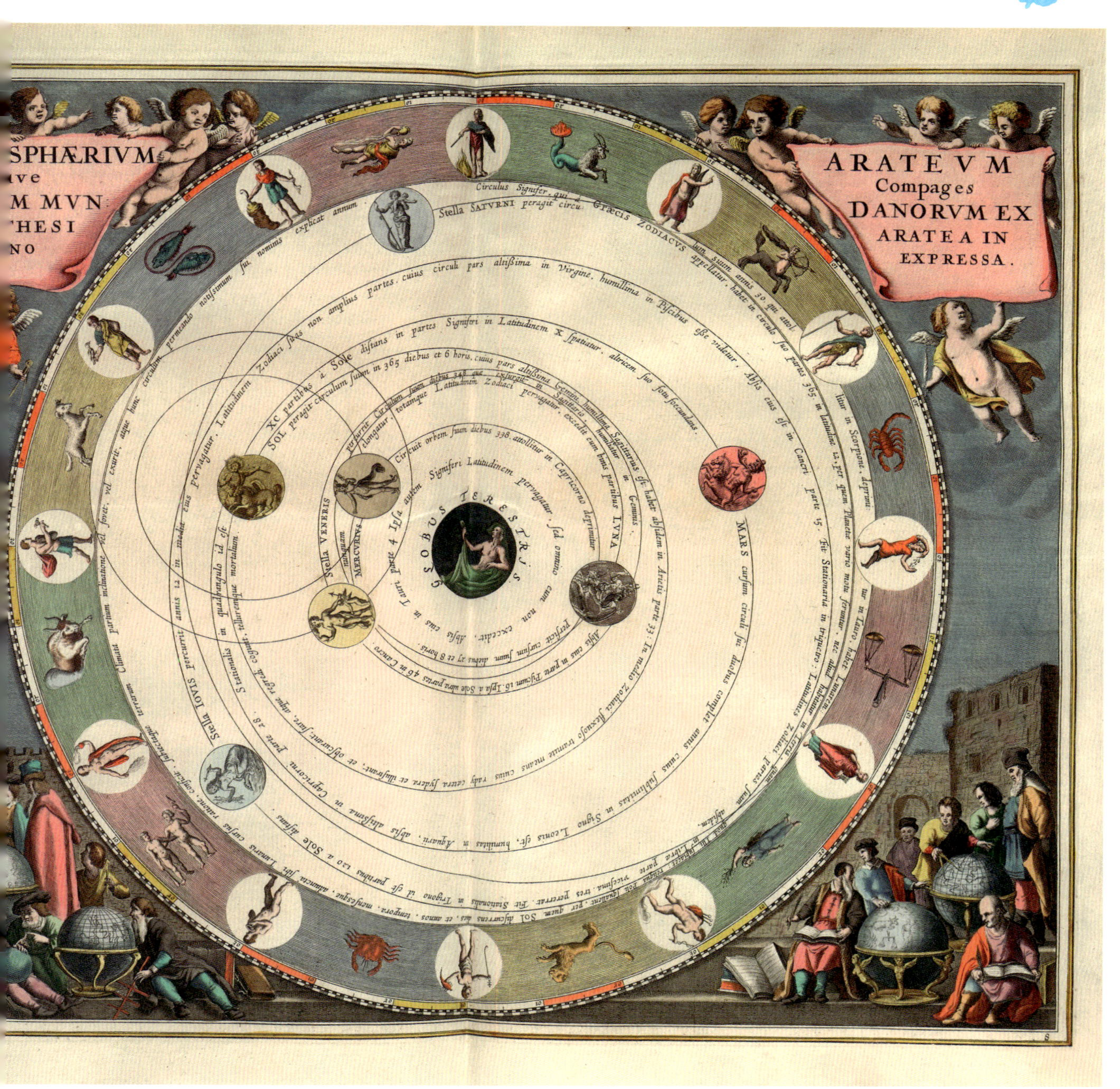
SPHÆRIVM
ARATEVM
Compages
DANORVM EX
ARATEA IN
EXPRESSA.
GLOBUS TERESTRIS
MARS
Stella VENERIS
MERCVRIVS
LVNA
Stella SATVRNI
Stella IOVIS

Andreas Cellarius, Copernican Planisphere

アンドレアス・セラリウス、コペルニクスの平面天球図

セラリウスがコペルニクスの説に従って太陽系を描写した図。コペルニクスが新しい宇宙像を提唱してから、この本が出版されるまでの100年余りにわたる望遠鏡観測の成果の数々を目の当たりにできる。木星には、1610年にガリレオが発見したように4つの衛星が描かれている。コペルニクスが恒星については詳しく語っていないにもかかわらず、セラリウスは外側の円に黄道十二宮を描いていて、しかも面白いことにそれらは雲に包まれている。 ［1660年］

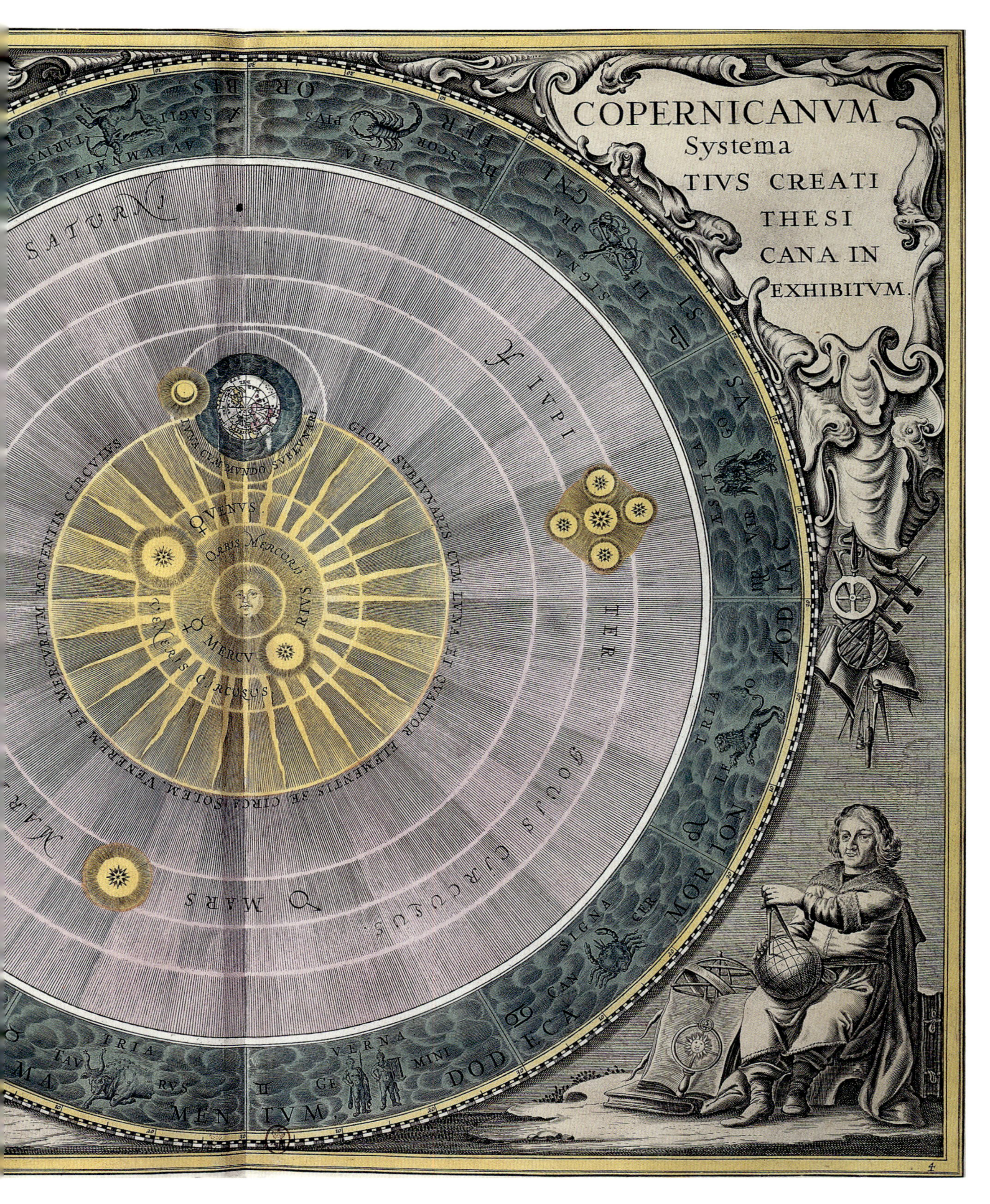
COPERNICANVM
Systema
TIVS CREATI
THESI
CANA IN
EXHIBITVM.
SATURNI
IVPI
TER
MARS
GLOBI SVBLVNARIS CVM LVNA ET QVATVOR ELEMENTIS SE CIRCA SOLEM
VENVS
ORBIS MERCVRII
MERCV
RIVS
VENERIS CIRCVLVS
ZODIAC
SIGNA
DOD
ECA
MORION
MEN
TVM

Andreas Cellarius, Tycho Brahe's World System

アンドレアス・セラリウス、ティコ・ブラーエの宇宙

デンマーク人天文学者ティコ・ブラーエ（1546～1601年）は、コペンハーゲンのベン島に天文台を建て、肉眼で精密な観測を行った。とても才能豊かな人物だったが、変人でもあった。学生時代に決闘をして鼻を削ぎ落とされたため、金属製の義鼻を付けていた。さらに、ペットとしてヘラジカを飼っていたが、そのヘラジカは宴会で酒を飲み、階段から落ちて死んだという。

ティコは、コペルニクスの説を知っていたが、プトレマイオスの説との折衷案ともいうべき説を提唱した。太陽、月、黄道十二宮が地球の周りを回り、他の惑星が太陽の周りを回るというものだ。太陽は惑星御一行様を従え、お荷物を抱えて地球の周りを回っているというわけだ。ティコは、コペルニクスの説が成立するためには、地球自体が動かなければならないことを承知の上で、「地球は巨大で動きが鈍く、公転するのに向いていない」ため、自説の宇宙の中心には地球を据えた。　［1660年］

BRAHEVM,
Structura
EX HYPOTHESI
BRAHEI IN
DELINEATA.
CAPRI CORNVS
SAGIT TARIVS
SCOR PIVS
LI BRA
VIR GO
LE O
CAN CER
GE MINI
CIRCVLVS IOVIS
SATVRNVS
CIRCVLVS SATVRNI
CIRCVLVS VENERIS
MARS
MERCVRIVS
SYSTEMA PLANETA RVM SOLEM HVC DESCENDEN TEM COMI TANTIVM.
MARS MARTIS CIRCVLVS
IVPITER IOVIS CIRCVLVS
SATVRNVS SATVRNI CIRCVLVS

Johann Doppelmayr, Atlas Novus Coelestis in quo Mundus Spectabilis

ヨハン・ドッペルマイヤー『新編星図』

ヨハン・ドッペルマイヤーは多才な人物で、天体観測や地図製作も行った。『新編星図』に掲載されているこの美しい版画は、18世紀初頭の天文学の状況をよく表している。図の中央にあるのは太陽で、コペルニクスの太陽系モデルの中心から全方位にまばゆい光を放っている。惑星の軌道や衛星については文章で記述されている。木星や土星の衛星は、当時の望遠鏡でそう見えたように、小さな星印で表現されている。

右下には、コペルニクスの太陽系モデルとともに、プトレマイオスとティコ・ブラーエの太陽系モデルが描かれているが、コペルニクスの世界観がひいきされているのは明白だ。プトレマイオスの平面天球図は、望遠鏡などの観測器具で覆い隠されている。プトレマイオスの唱えた太陽系がこうした技術に取って代わられたことを意味する。

左下には、当時知られていた地球を北極から見下ろした図が描かれている。17〜18世紀に作られた地図の多くと同様、カリフォルニアは島だ。左上には、大きさを比べられるように、太陽と既知の惑星が並べて描かれている。右上は、宇宙には他にも太陽系が存在する可能性を表しているものと思われる。雲は、宇宙の象徴として描かれている。

［1742年］

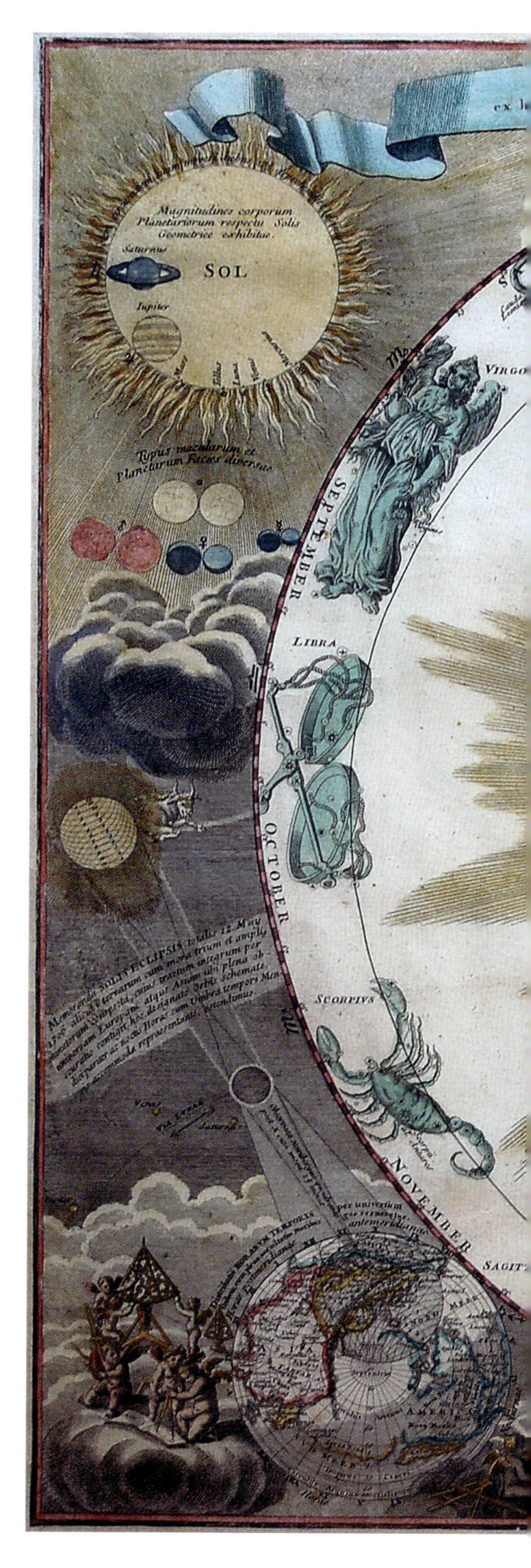

SYSTEMA SOLARE ET PLANETARIUM
à IOHANNE BAPT. HOMANNO NORIBERGAE Cum Privilegio Sac. Caes. Maj.
LEO
CANCER
ORBITA SATURNI
SYSTEMA SATURNI
GEMINI
Propus
TAURUS
ARIES
PISCES
Fomahant
AQUARIUS
CAPRICORNUS
DECEMBER
IANUARIUS
FEBRUARIUS
MARTIUS
APRILIS
MAIUS
ORBITA IOVIS
SYSTEMA IOVIALE
ORBITA MARTIS
Perihelium ♃
Aphelium ♄
EX HIS CREATOREM
PROPORTIONES
Benevole Spectator
TERRA

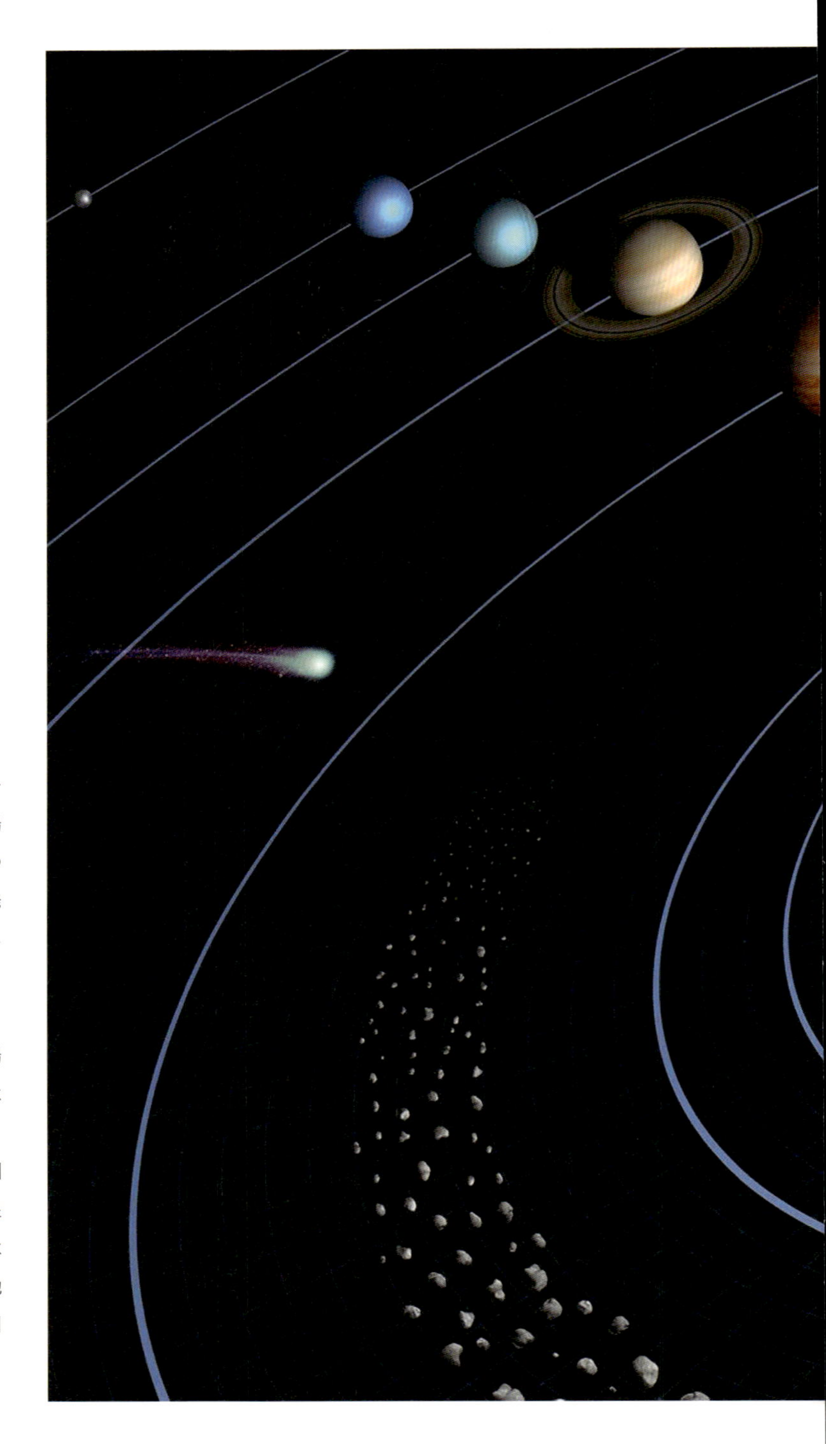

Planetary Sequence of the Solar System, Chandra X-ray Observatory

チャンドラX線観測衛星、太陽系の惑星

1609年にドイツ人天文学者ヨハネス・ケプラーが著した『新天文学』には、惑星は楕円軌道で太陽の周りを回ると記されている。ケプラー以後、2つの惑星と衛星や準惑星、および数多くの天体が発見されたが、いずれも問題なくケプラーの提唱したモデルに当てはまった。

図に示されているのは、おなじみの太陽系のイメージだ。衛星が観測した画像から作成し、太陽を中心に正しく並べたものだが、縮尺は正確ではない。惑星同士の大きさを比べるだけならこのようなイメージで十分かもしれないが、実際はこの図とは違う。というのも、太陽系を構成している惑星に比べて太陽系自体が巨大すぎて、小さな天体は目に見えないほどの大きさになってしまうので、地図には描きようがないのだ。 ［21世紀］

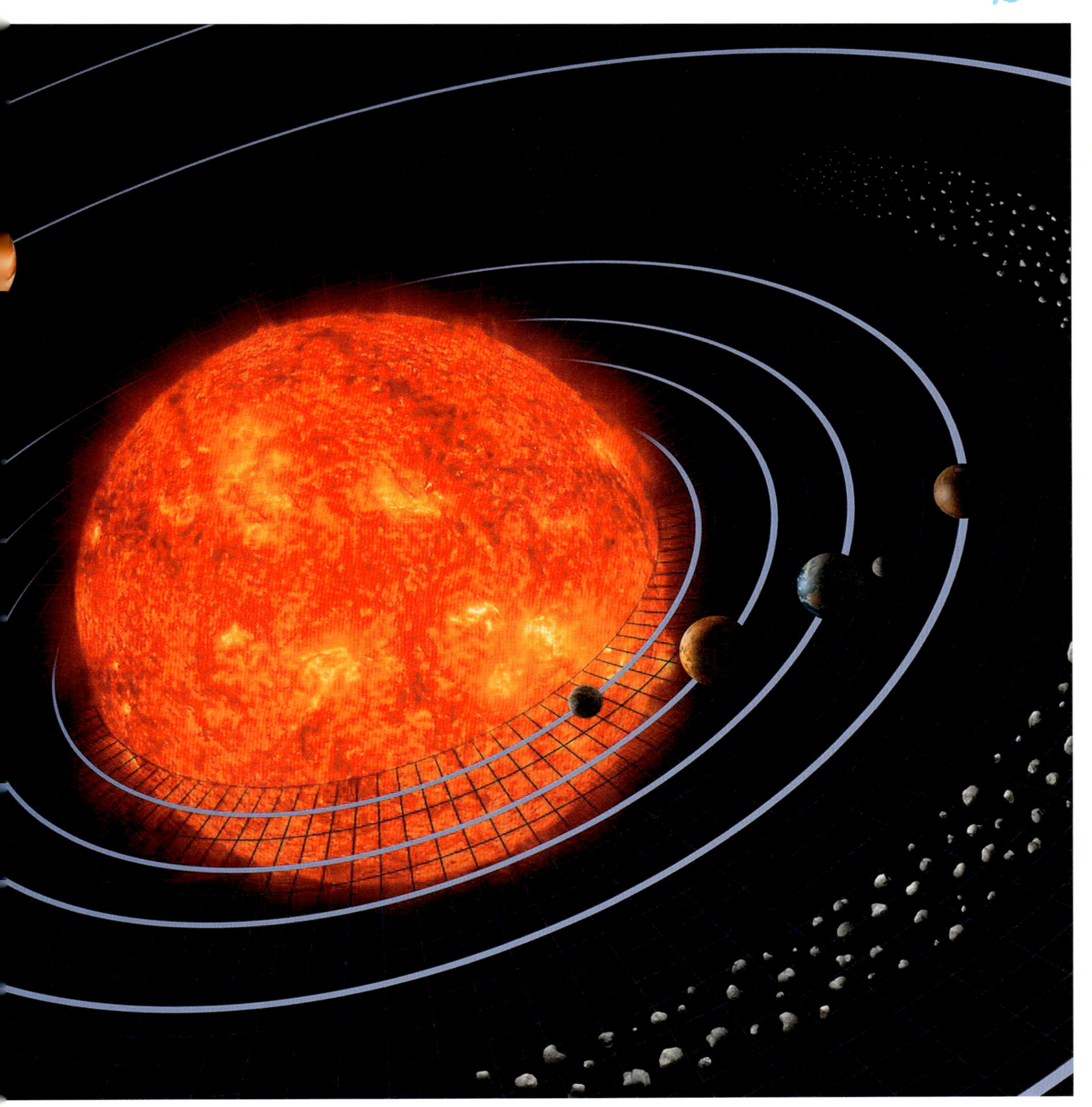

Mapping the Universe
Chapter 2

Mapping the Moon

月の地図

地球唯一の自然衛星

　月は、有史以前の先祖たちにも肉眼で見え、神話、伝説、寓話、芸術作品に数多く取り上げられ、重要な役割を担ってきた。また、初めて地図が作られた天体であり、十分に調査された天体でもある。肉眼ではっきり見え、光と影の部分を持ち、表面の模様は、人間の顔、ウサギ、薪を背負った老人などに例えられてきた。ただ、どういうわけか、現存する17世紀以前の天体地図で、月の地図を作ろうとする試みはほとんど見られない。一方で、400年前に望遠鏡が発明されてからは、大勢の人が月の表面を眺め、地球から見える側の地形に名前をつけてきた。

20世紀に宇宙に進出するまで、人類は月の片側しか見ることができなかった。この陰影起伏図は、月の表側の南緯50度から北緯50度の範囲を表している。

月を描く試み

知られているかぎり、月の表面を描いた最初期のものは、レオナルド・ダ・ヴィンチ（1452〜1519年）の手になる。月の組成に関する自説を図解しつつ、月面の光と影の模様をスケッチした。彼は、月には液体の海（暗い部分）と太陽光を反射する山があると考えた。手稿に描かれた右下の図のような素描は公刊されなかったため、彼の考え方は、当時誰にも知られないままになってしまった。

有名なのは、エリザベス１世の侍医でもあった英国人ウィリアム・ギルバート（1540年頃〜1603年）のスケッチ（左下）で、望遠鏡が発明される1609年より以前のものだ。ただし、この図は彼の死後、1651年まで公表されず、そのころにはもっと詳細な図が描かれるようになっていたため、彼の図は、物好きな人の興味を引く程度のものだった。ギルバートは、肉眼で見分けられる月の暗い部分は大陸の陸地部分で、明るい部分は海だと考えた。また、月の表面を描いた先人がいないので、月の表面が変化してきたのかどうか確かめる術がないのは残念だと書き残している。

月を正確に描こうとする試みがほとんど行われなかった理由には、月は起伏がなく平坦で、何の特徴もないと一般に信じられていたせいもある。はっきりとした証拠もないのにどうしてなのかと思われるかもしれないが、伝統的に、月は完璧で欠陥がないと見なされてきた。そのため、肉眼でも見える影の部分は、表面に凹凸があるのではなく、異なる組成の密度の違いによるせいだと説明された。中世美術に表現されている月は、完全無欠な形をしていることが多い。

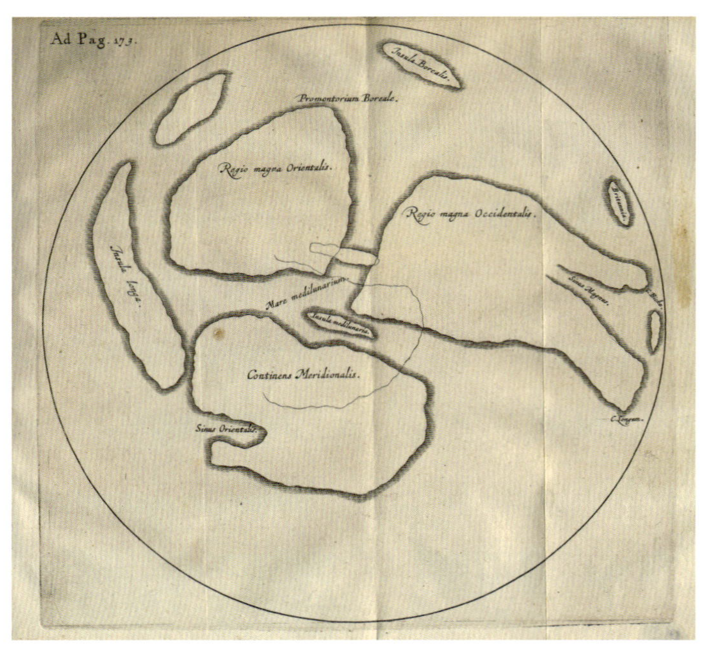

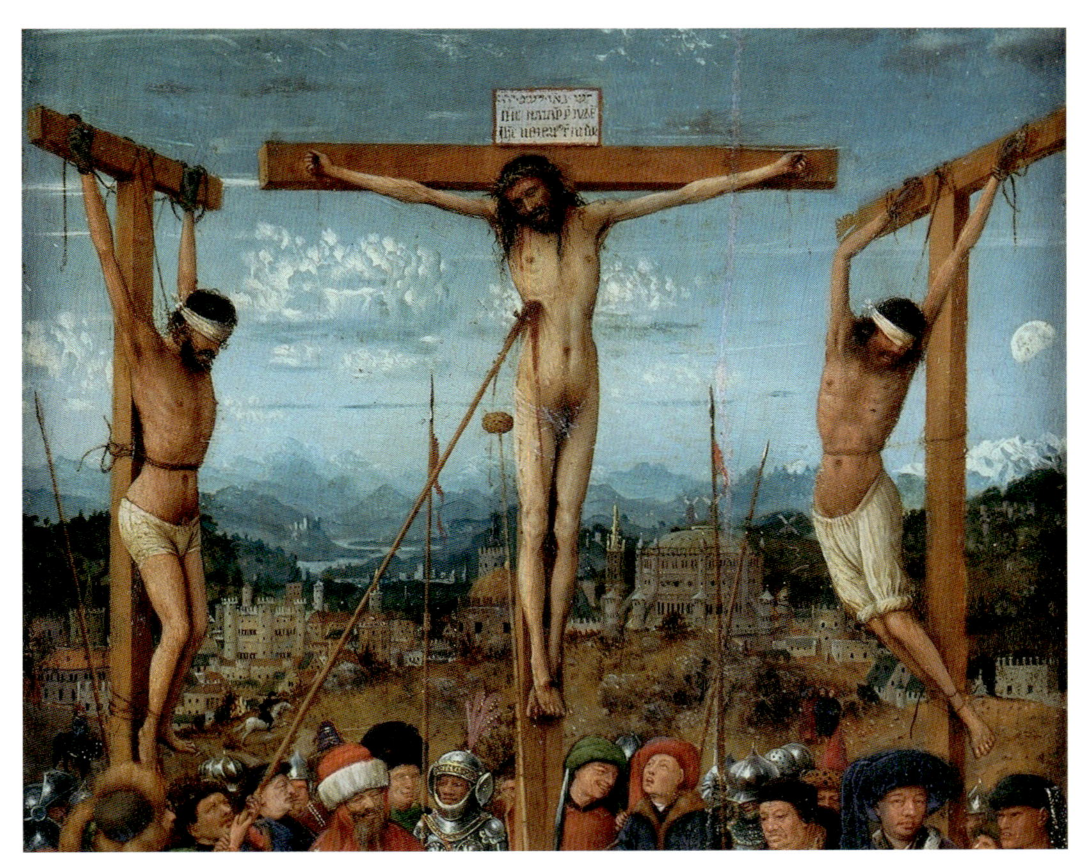

オランダ人画家のヤン・ファン・エイクが1440〜1441年頃に描いたキリストの受難図。珍しいことに、月の表面の模様が描かれている。

月の表面

望遠鏡の発明が、こうした状況に終止符を打った。拡大してみれば、月の表面にははっきりと凹凸が見てとれる。1609年、英国人天文学者トーマス・ハリオットが月の起伏を初めて図にした（P.50参照）。その図より有名なのは、ガリレオが、自ら改良した望遠鏡を用いて描いた月の詳細図（P.51参照）だ。

月の地図作りというのは、もっぱら学術上の訓練にすぎないように見える。地球の地図とは違い、どこかへたどり着くのに役立つような実用性はないからだ。少なくとも最近までは、月面を旅したり、月の地勢や地質の知識が必要になるような採掘や活動などを行ったりする機会はなかった。にもかかわらず、意外にも、17世紀前半の月の地図作りには、実用的な目的があった。月の地形を正確に記して名前をつけ、誰が観測しても同じ地形を識別できるようにしておけば、月食の際に同時に月を観測して、地球上の経度を求めることができたのだ。1618年、フランス人天文学者ピエール・ガッサンディは、友人で同じく天文学者のニコラ・デ・ペーレスクとともに月の観測を始めた。1634年には地図作りに十分なデータが集まり、1637年、『月相図』と題する著作を出版する（P.52参照）。

起伏がないどころか、月の表面には多くのクレーターや山が存在する。この写真は、アポロ11号が、月の裏側にあるダイダロス・クレーターを撮影したもの。

明らかになる月の地形

望遠鏡の性能の向上に伴い、より詳細な月の地図の作成が可能になった。そして20世紀後半、飛躍的な進歩が訪れる。その1つが宇宙飛行だ。実際に月まで行けるようになったことで、地球の地図を作る際に用いる手法をそのまま応用できるようになった。もう1つは、レーザーによる高度測量だ。これは、低輝度レーザービームが月の表面に反射して地球に戻ってくるまでの時間を測ることで測量する技術だ。月の表面までの距離を計算できるので、各地点の標高がわかる。これを応用すれば、標高に応じてコンピュータ処理で色分けした地図を作成することができる（P.66〜67参照）。

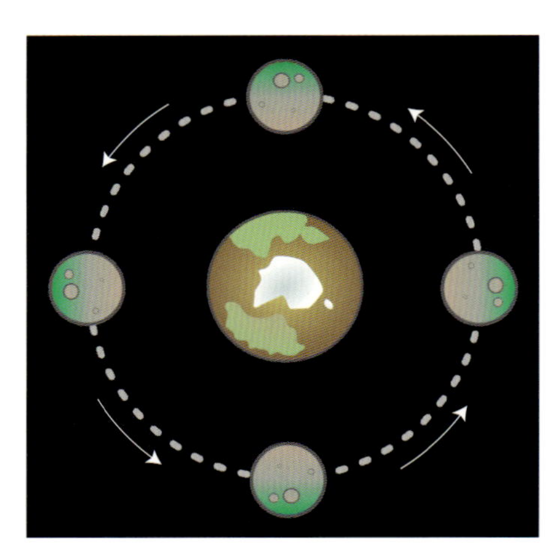

月は常に同じ面を地球に向けている。

NASA（米国航空宇宙局）が月着陸に備えて1967年に作成した月の地質図。写真（その多くは、ルナ・オービター4号が撮影した）のデータと、光学望遠鏡や電波望遠鏡による観測データを組み合わせ、影の測定から標高を算出して作られた。地質は、観測によって判明した差異、地層の重なり具合、反射太陽光の量（アルベド）から割り出されている。ここに掲げた写真と図は両方とも、内部構造や表面を形成する特徴的な地形を探る糸口となる。

20世紀後半まで、月の地図はすべて同じ側だけだった。潮汐ロックと呼ばれる現象のため、月はいつも地球に対して同じ面を向けているからだ。月の自転周期は約27日で、月が地球の周りを公転する周期と一致している。

1959年、とうとう宇宙探査機が月の裏側に回り込んで写真を撮影するのに成功し、人類は初めて月の反対側を目にすることができた。

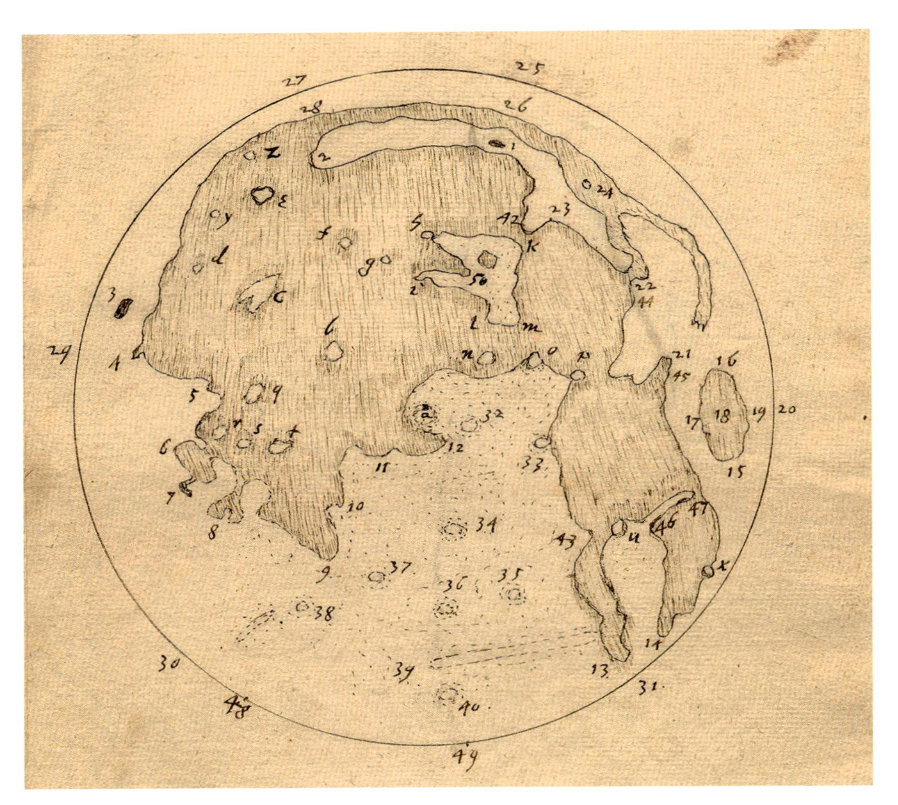

Thomas Harriot, The Moon

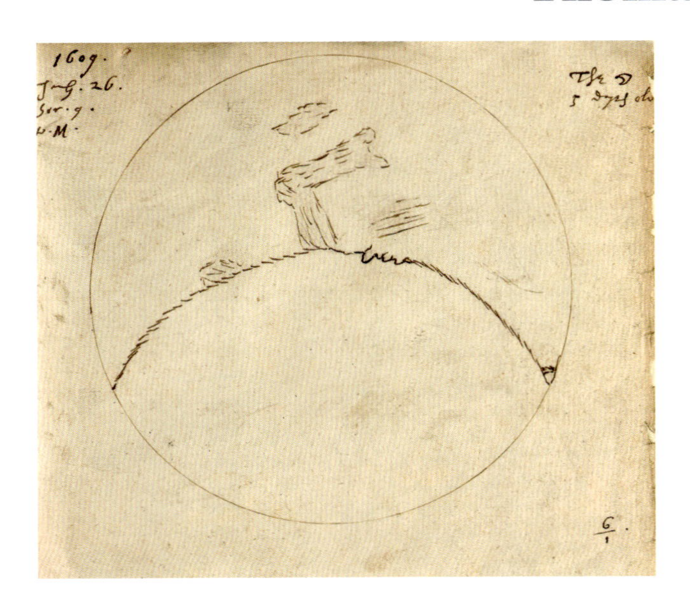

トーマス・ハリオット、月

望遠鏡を覗いて月面を描いた初の人物は、英国の天文学者トーマス・ハリオット（1560〜1621年）だ。ガリレオが月をスケッチしたのは1609年12月で、それより数カ月早かった。ハリオットの最初のスケッチ（左）は、1609年7月26日のものだ。「危難の海」がある場所には不明瞭な影があり、明るい部分と暗い部分の境界線が描かれている。このスケッチで使用されたのは、倍率6倍のオランダ式望遠鏡だ。

その後ハリオットが作成した月面図（上）では、もっと倍率の高い望遠鏡が使用されている。おそらく20倍か50倍のものだろう。［1609〜1613年］

Galileo's Drawings of the Moon

ガリレオの月面図

ガリレオ・ガリレイは、1609年に友人からの手紙で望遠鏡の存在を初めて知り、その製作にとりかかる。ガリレオ自作の望遠鏡は、当時のどの望遠鏡よりも格段に性能が良かった。望遠鏡を空に向けた途端、それまで誰の目にも触れることがなかった姿が明らかになった。天の川を構成する星々、木星の衛星、土星の環(ガリレオは当初これを誤って解釈していた)、凹凸のある月の表面などだ。中でも、月の凹凸は、宇宙は完璧で不変なものだとする、当時の通説に疑問を投げかけた。ガリレオはこう記している。

「月は平坦ではなく、起伏に富み、いたるところにくぼみや隆起がある。山々がそびえ立ち、深い谷がえぐられ、変化に富む地球の表面と同様である」

「小さな斑点には、常に共通の特徴があることに私は気づいた。斑点の太陽に近い側は暗く、太陽から離れた側では、境界に当たる縁が明るく輝いている。まるで山々の頂上が太陽を浴びて輝いているかのようだ。地球の日の出のときと非常によく似た現象だ。まだ朝日が届いていない谷を見てみるといい。暗い谷を囲む山々は、太陽から遠い側にあっても、いつも光を浴びて輝いている」

月には高い山がそびえ立っているというガリレオの主張は、物議をかもすことになる。『星界の報告』を出版した1年後の1611年には、従来の説を固持するイエズス会の科学者グループが証拠を調査し、月面は完全に滑らかだとの判断を下した。

［1609年］

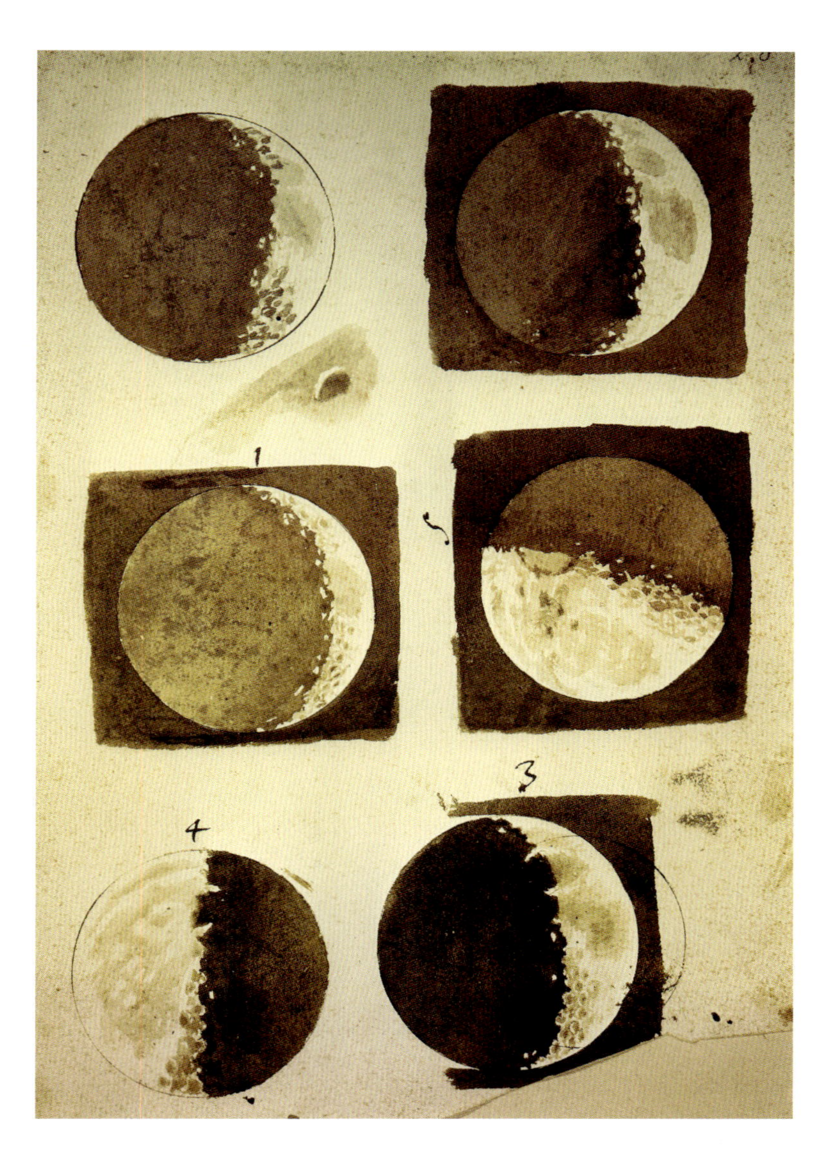

Pierre Gassendi & Claude Mellan, Phasium Lunae Icones

ピエール・ガッサンディとクロード・メラン『月相図』

この３枚の月相図は、フランス人数学者・天文学者のピエール・ガッサンディが作成した図を、1637年、クロード・メランが彫版したものだ。望遠鏡の発明から30年ほどたった時期に作られたものだが、美しさ、正確さ、細部へのこだわりは目を見張るほど向上しており、いくつかの衝突クレーターから延びる放射状の線まで描かれている。ガッサンディはコペルニクスの宇宙像を信じており、ガリレオを支持していた。　［1637年］

満月。月相のサイクルのちょうど真ん中。月全体が太陽の光に照らされている。

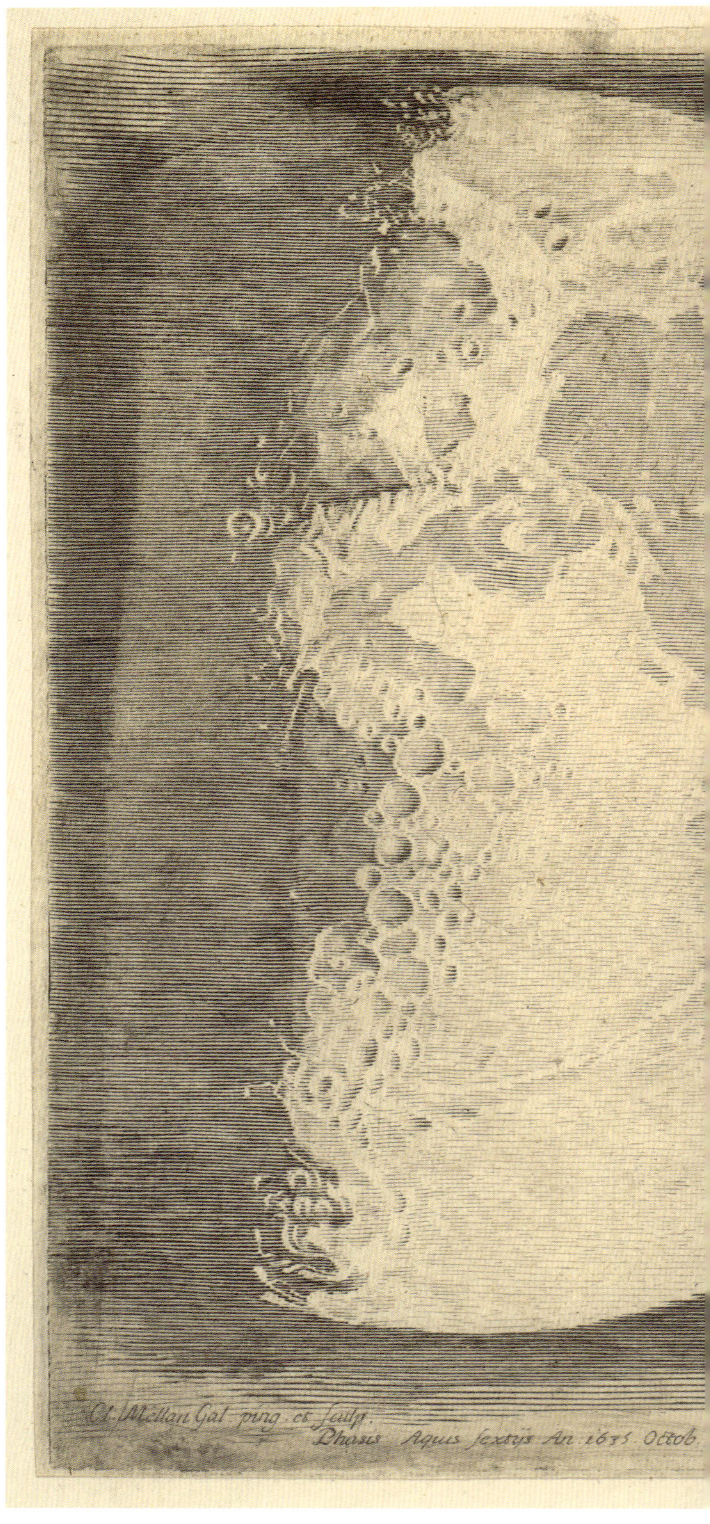

上弦の月（新月の約１週間後）。満ちていく月の半分が見える。月を照らす太陽の光は右側から届いている。

下弦の月。欠けていく月の半分が照らされている。太陽の光は左側から届いている。

Michael van Langren, Naming Parts of the Moon

ミヒャエル・ファン・ラングレン、月の地名

1645年、オランダ人天文学者のミヒャエル・ファン・ラングレンが初めて月の地図と呼べるものを作成した。そこには、彼自身が定めた命名規則に従って名前が記されている。特徴的な地形にはスペインの王族やカトリックの聖人の名が、小さなクレーターには天文学者や数学者などの学者にちなんだ名がつけられている。これらは、もっぱらスペインでよく知られている人々を讃えての命名だったため、現在ではほとんど使われていない。

ファン・ラングレンが月の地図を作成した目的は、地球上の経度を測定するためだ。年間を通していつでも経度を測れるように30種類の月相をすべて網羅した詳細な地図を作るつもりだったが、実現はかなわなかった。彼の地図は、完成当時は最高の出来映えだったが、2年後にはそれを上回る地図帳が登場した。　［1645年］

Johannes Hevelius, Selenographia

ヨハネス・ヘベリウス『セレノグラフィア』

ポーランドで醸造業を営んでいたヨハネス・ヘベリウスは、望遠鏡製作で名を馳せる。4年にわたって月を観測して詳細な図面を作り上げ、編纂して『セレノグラフィア』と題する史上初の月面の地図帳を出版した。さらなる精度を求めて、その後も観測を続け、影の長さをもとに月の山の高さを算出するにまでいたった。

この地図帳には、大きな満月の図が3枚掲載されている。最初は望遠鏡で観測した月の姿。次は地上の地図製作の手順にのっとって作成したもの。そして最後が、月の地形をすべて記した合成地図だ。惑星の表面を図に描く際に、どこにも影を落とさない単一の光源を用いるという慣習が、この最後の地図で確立する。もちろん、実際の月がそのように見えることはない。この地図は、当時としては最も正確に月を捉えており、その後100年にわたって信頼できる地図とされた。

ヘベリウスは、観測した地形に山や海などのギリシャ語やラテン語の地名をつけた。肉眼で見えるくぼみを海、望遠鏡でしか見えないくぼみをクレーターと呼んだ。彼が命名した268カ所の地名のうち、現在でも使用されているのは10カ所だけだ。驚くべき偶然とは言え、ヘベリウスは「静かの海」の端の部分を「アポロニア」と命名した。400年以上後にアポロ宇宙船が着陸することになる場所だ。

この図や、後に作成される月の地図の多くに描かれている2つの輪郭線は、月の秤動(ひょうどう)を表している。実際、地球から見る月は、いつもまったく同じ場所が見えるわけではなく、わずかなずれがある。下図の点線で囲まれた部分は見えたり見えなかったりするが、合計すると月の表面の59%を地球から見ることができる。ちなみに、初めて秤動について言及したのはガリレオで、1630年代のことだ。

［1647年］

Francesco Grimaldi and Giovanni Riccioli

フランチェスコ・グリマルディとジョバンニ・リッチョーリ

イエズス会の天文学者フランチェスコ・グリマルディは、ジョバンニ・リッチョーリと組んで仕事に携わっていた。グリマルディの月面図は、ファン・ラングレンとヘベリウスの初期の地図に基づいて描かれたもので、1651年に出版されたリッチョーリの『新アルマゲスト』に掲載されている。

リッチョーリは、月を８つの区域に分け、海や平原といった目立つ地形に「静か」や「晴れ」といった名前をつけた。ファン・ラングレンにならい、クレーターには学者の名前をつけた。中でも天文学者の名前が多かったが、天文学に関わりの深い聖人の名前もいくつか用いている。リッチョーリは、教会が異を唱えたため、コペルニクスの宇宙観を表だって擁護することはなかったが、クレーターの中には、自身やグリマルディの名だけでなく、コペルニクスの名を冠したものもある。歴史家の中には、これを暗黙の支持ととる者もいる。グリマルディやリッチョーリが命名した名前は、現在も使われているものが多い。　［1651年］

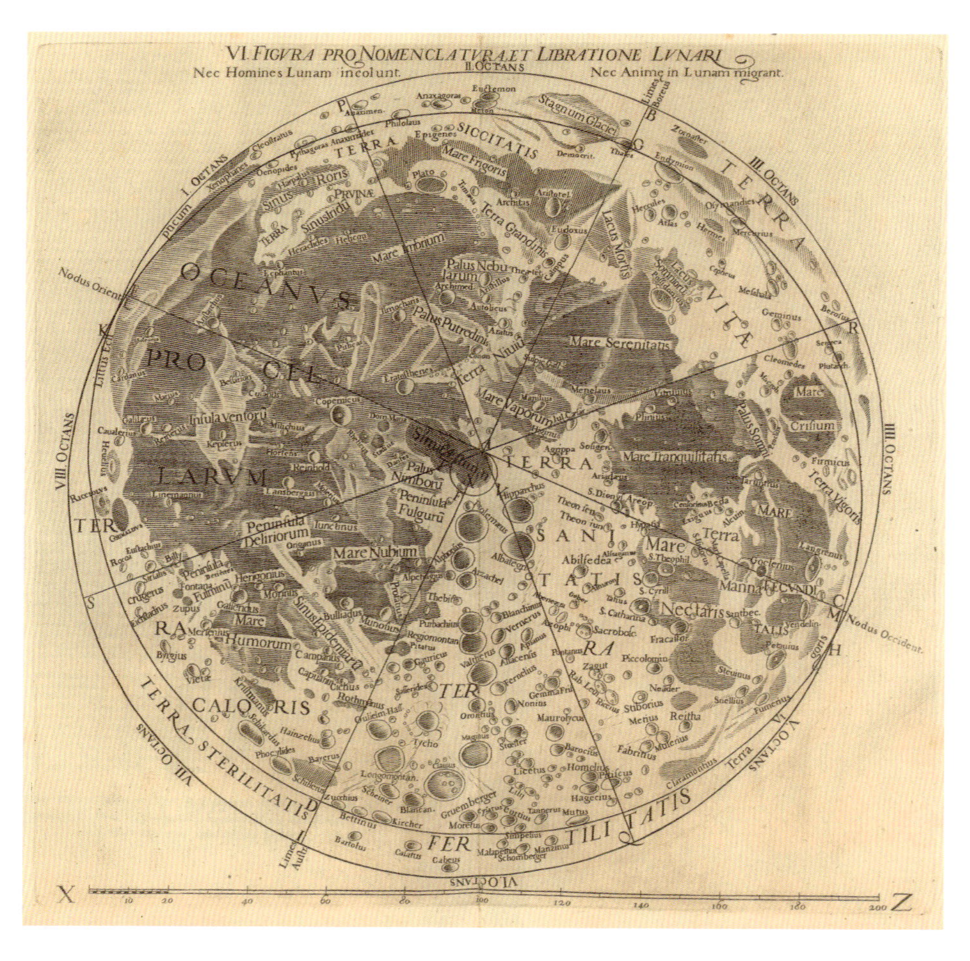

Giovanni Cassini, Moon Maiden

ジョバンニ・カッシーニ、月の乙女

ジョバンニ・カッシーニは、イタリア出身の天文学者でかつ技術者だ。セバスチャン・ルクレールとジャン・パテニという2人の芸術家の協力を得て、詳細な月面図のシリーズを作成した。そのうちの60枚ほどが月の地図帳として編纂されている。カッシーニは1664年に、ローマのレンズ職人ジュゼッペ・カンパーニが彼のために製作した新しい高性能望遠鏡を用いて観測を始めた。その後、パリ天文台台長の職を得て、フランスに移住するにあたり、所有していた望遠鏡のうち少なくとも1台を運び込んでいる。カッシーニは、フランスの地形図の作成という大プロジェクトの創始者としても知られている。100年以上後に曾孫に当たる人物がこのプロジェクトを完成させた。この地図作りが実現したのは、ガリレオが提唱した方法での経度の計測に初めて成功したからだ。カッシーニはガリレオの案を応用し、独自に木星の衛星の運行表を作成して経度を求めた。

カッシーニが作った最も精緻な月面図（右下）が刊行されたのは、1679年のことだ。写真が発明されるまで、非常に細かく正確な地図と評されていた。この図が優れているのは、かなり拡大しなければ見えない細かい部分まで描かれている点だ。例えば、下の図の左上の部分には、「月の乙女」が描かれている。左下の図は、その部分を拡大したものだ。（拡大図は180度回転させている）　［1679年］

Tobias Mayer

トビアス・マイヤー

トビアス・マイヤーは、ドイツの天文学者、数学者、地図製作者である。持てる才能を存分に発揮し、当時の地図製作の手法を改良した。1748年に刊行された『未刊行作品集』収録の地図は、既存の地図より優れており、その後50年にわたって最高の地図でありつづけた。マイヤーは座標系を使い、初めてマイクロメーターでクレーターの座標を正確に測定した。おかげで、誤差1分以内の精度で緯度経度の計測ができるようになった。

マイヤーは、月の動きの不規則性（摂動）を表にまとめ、月の秤動についてさまざまな研究を行った。この運行表と自ら作成した月面図によって、海上での経度の測定が誤差0.5度以内で可能になった。1762年、マイヤーは自身の月運行表が活用される前に他界したが、経度委員会という英国の政府機関は、残された妻に、当時としては高額の3000ポンドの賞金を支払っている。　　　　［1748年］

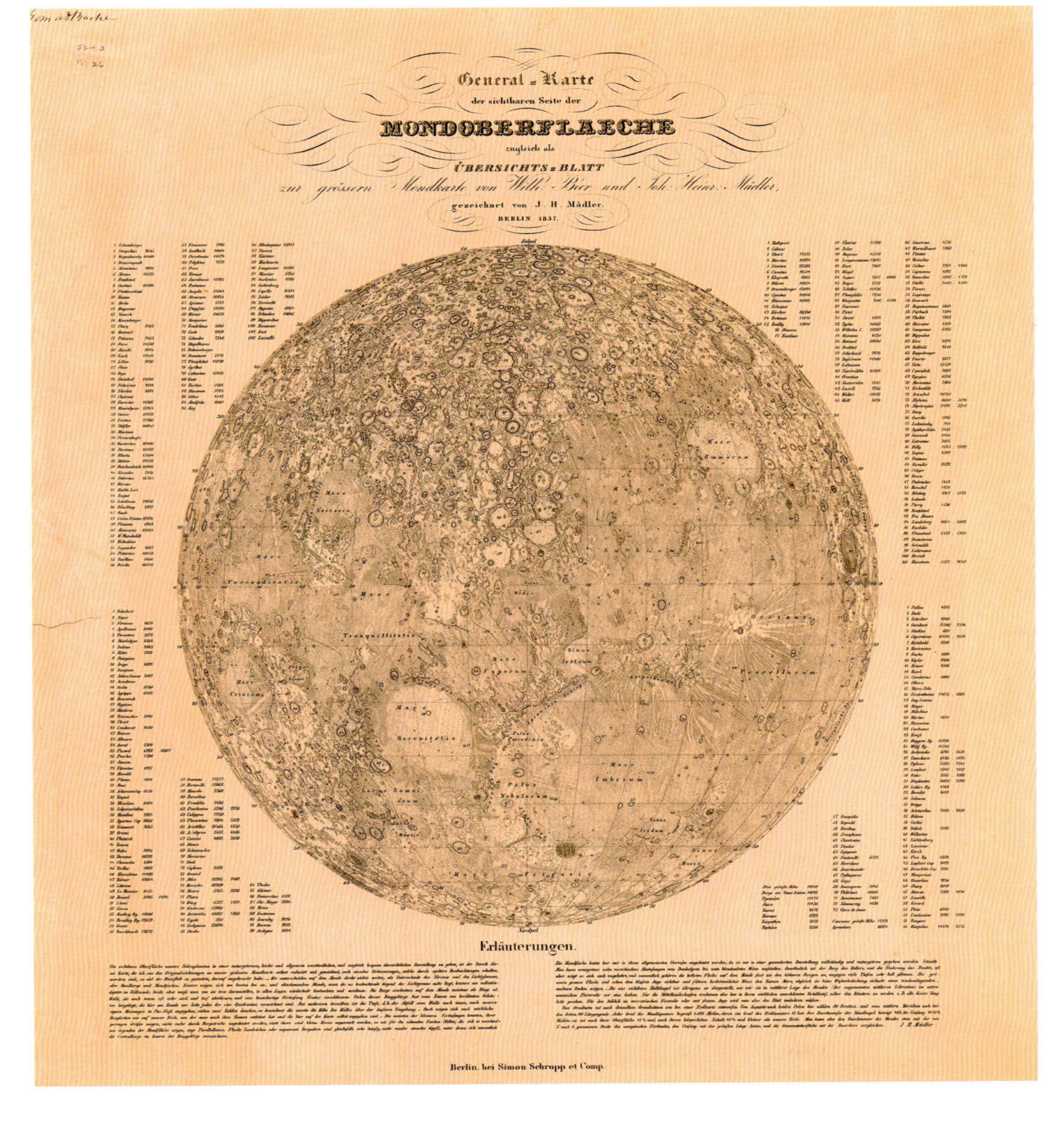

Johann Heinrich Mädler and Wilhelm Beer

ヨハン・ハインリヒ・メドラーとヴィルヘルム・ベーア

ドイツ人天文学者、ヨハン・ハインリヒ・メドラーとヴィルヘルム・ベーアの２人は、資金を募ってベルリンに私設天文台を建設した（ベーアはベルリンの裕福な銀行家だった）。そして、1834〜1836年にかけて、共同で世界初の詳細かつ正確な月の地図を作成し、４巻からなる『月面図』を出版した。その翌年には、上の図が掲載された『月』を刊行し、月について余すところなく説明している。［1837年］

J.W. Draper, Moon Photo

J・W・ドレイパー、月の写真

1827年、世界で初めて月の写真が撮影された。ジョセフ・ニエプスがフランスで撮影したものだ。続く10年間で、彼の原始的な手法は同じフランス人のルイ・ダゲールが開発した方法に取って代わられた。そして1840年には、英国系米国人科学者ジョン・ウィリアム・ドレイパーが自作の望遠鏡と感光版を入れた木箱をつなげて月を撮影した。

ドレイパーは、ダゲールの写真技術に化学的改良を加え、肖像写真の撮影を初めて可能にした。天体写真の撮影にあたっては銀メッキガラスを望遠鏡に使用した。ドレイパーは世界初の天体写真家と目されている。現在、天体写真は膨大なデータを天文学にもたらしており、最新の天体図を作る際の基礎となっている。

1840年にドレイパーが月を撮影した最初の写真は、おそらく現存しない。しかし、その数日後に撮影したもの（右下）は残っている。まるで抽象画の一部のようだ。上下が反転しているため、月の南側が写真の上になっている。［1840年］

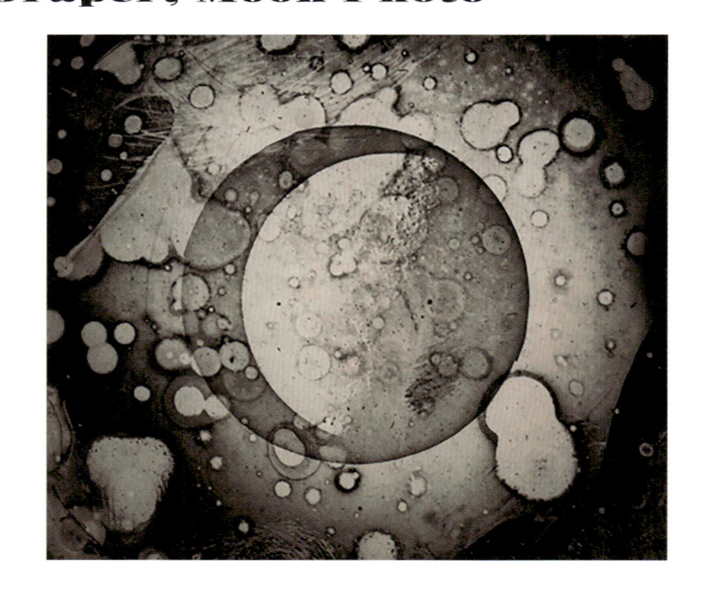

John Whipple, Moon Photo

ジョン・ウィップル、月の写真

発明家の草分け的存在で写真家のジョン・ウィップルは、米国で初めて、ダゲレオタイプ（銀板写真）に必要な化学薬品を製造した人物だ。また、天文学者で、ハーバード大学天文台台長のウィリアム・クランチ・ボンドとともに、大型屈折望遠鏡を使って当時最高品質の月面写真を撮影した。その技術の高さが認められ、1851年にロンドンで開催された万国博覧会で表彰されている。その後、ウィップルは、新たなパートナーとなったジェームズ・ブラックとともに、上の月の写真を撮影した。この写真が撮影されたのは、1857年から1860年の間だと考えられている。 ［1857〜1860年］

Étienne Trouvelot, Mare Humorum

エティエンヌ・トルーベロ『湿りの海』

アマチュア天文学者でもあるフランス人画家エティエンヌ・トルーベロは、細部まで描き込まれた美しい天文画を何枚も残している。その1枚が、ここに掲げる月の『湿りの海』だ。正確な地図を作成する手段としては、スケッチに代わって写真が一般化しつつあったが、トルーベロの明暗がくっきりとして生き物めいたパステル画は、月が持つ神秘的な美そのものを想起させる。

トルーベロの作品を知ったハーバード大学天文台の台長は、彼を天文台のスタッフに迎え入れた。下に掲げた絵が描かれた1875年には、米国海軍天文台勤務に変わっている。1年を通じて26インチ反射望遠鏡が使えると招かれたからだ。1881年に出版された『トルーベロ天文画集』には、彼の作品7000点の絵画のうち15点が掲載されている。

［1875年］

USGS, Geological Map

米国地質調査所による地質図

1959年、米国地質調査所のアーノルド・メイソンは史上初となる月の地質図作成に着手する。月面着陸の候補地選びのため、月の地表を分析するのが目的だった。地質調査所は、宇宙船が着陸したり、車両が走行する場所はもちろん、宇宙飛行士が徒歩で移動する場所の調査に加え、月面に基地を設置する可能性まで探ろうとしていた。米国カリフォルニア州サンノゼにあるリック天文台で撮影された写真が地質図作成の基準となった。製作に携わった人々は、クレーターが火山活動の結果生じたのではなく、衝突によってできたとする説を支持した（当時、クレーターの起源についてははっきりとわかっていなかった）。1960年に、最初の地図が公開され、1年後には、細かな修正を加えたものが作られた。

『技術者による月の表面の特別調査』と題されたその地図は、4枚組になっている。1枚目は、初の月の地質図で、時系列に沿って月の地質の変化が示されている。2枚目には、クレーターから延びる筋状の地形について細かく記されている。3枚目（下）は月が地形ごとに区分されており、茶色の部分は高地、黄色の部分は低地を表している。小さな挿入図では、月が10の区域に分けられている。最後の4枚目は説明文で、地域ごとに着陸や移動などに関する評価が記されている。アーサー・C・クラークの小説『2001年宇宙の旅』では、この4枚目の説明文が引用されている。

［1961年］

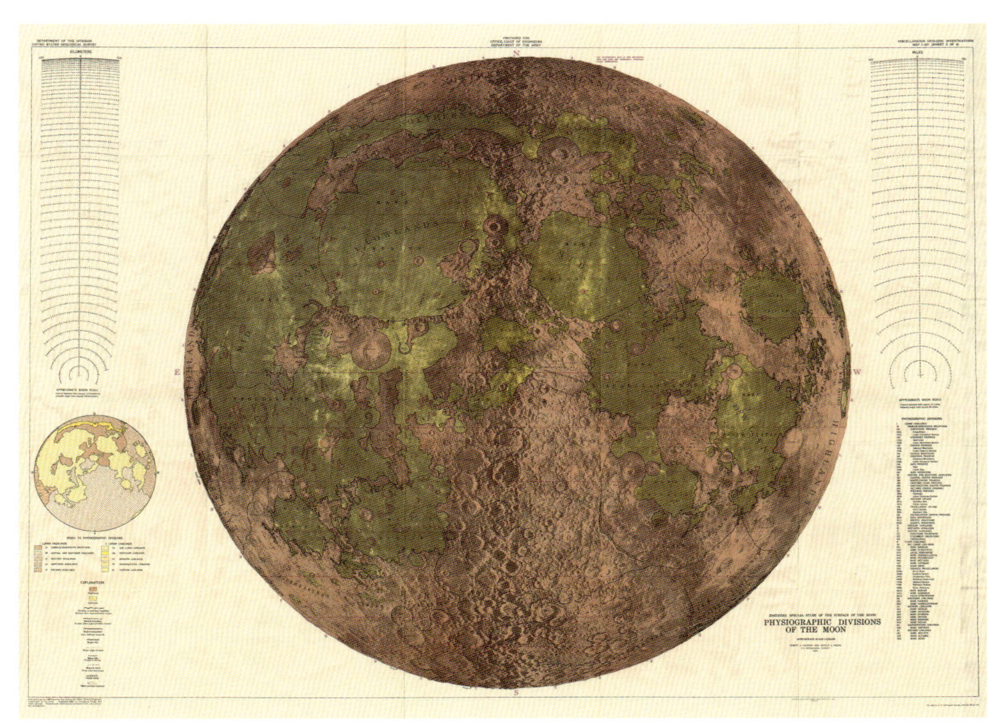

Apollo 16, Far Side of the Moon

アポロ16号、月の裏側

1959年10月26日、月の裏側の画像が初めて地球に届く。送信元は、ソ連の探査機ルナ3号だ。地形にこれといった特徴がなかったことは、天文学者たちを驚かせ、困惑させた。海の部分はかなり少なく、表側に30%あった海は、裏側ではわずかに1%を占めるにすぎなかった。逆に、クレーターの数はかなり多かった。

1968年には、アポロ8号の乗組員たちが初めて月の裏側を直接目にした。宇宙飛行士のウィリアム・アンダースは「子供たちがしばらく遊びまわった後の砂場のようだ。ひっかき回され、はっきりした特徴もなく、ただこぶや穴があるだけだ」と述べている。

ここに掲載した月の裏側の写真は、1972年に撮影された。最後から2番目の月への有人宇宙飛行となるアポロ16号によるものだ。 [1972年]

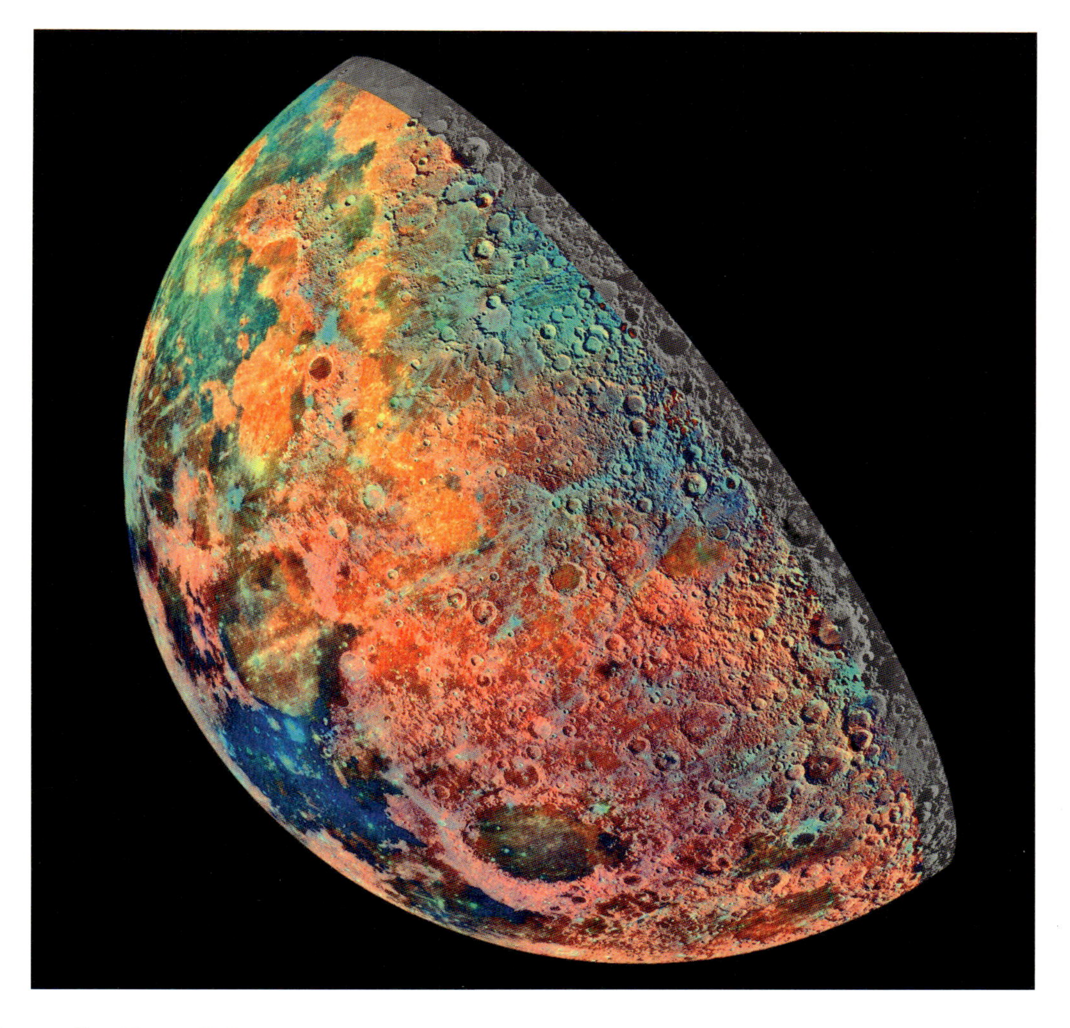

Materials of the Moon

月の組成

現代の望遠鏡と撮影機器の技術を駆使すれば、天体の表面の拡大写真など足元にも及ばないことができる。異なる波長の光、すなわち、可視光線以外のスペクトル領域を使って撮影すれば、通常では見えない細部まで解明し、推測することも可能だ。ここで紹介する月の擬似カラー合成画像は、ガリレオ探査機の撮像システムが3種のスペクトルフィルタを用いて撮影した53枚の画像から作成された。画像は月の北側で、向かって左側が地球から見える部分だ。月を構成する物質に対応して色分けされている。ピンク色の部分は、主に火成岩からなる高地。青からオレンジ色は、火山性溶岩流が固まった地域だ。水色はミネラル分が豊富な土壌で、比較的最近できた衝突クレーターを表している。濃い青色で示されているのは、静かの海だ。ここには、右上にある緑や青の部分に比べて、チタンが多く含まれている。若いクレーターからは、青い線が放射状に延びている。 ［1992年］

NASA, Topography of the Moon

NASA、月の地形図

2011年、NASAの月周回衛星ルナー・リコネサンス・オービターの科学者チームが月のほぼ全体を網羅した、これまでで最高解像度の地形図を公開した。この月の地形図は、標高を表すために色分けされており、最も低い場所が青、最も高い場所が赤で示されている。月には測定の基準となる海面がないため、平均半径（1737キロメートル）に当たる位置が標高ゼロとされる。計測には、レーザー測量（P.48参照）が用いられた。　［2011年］

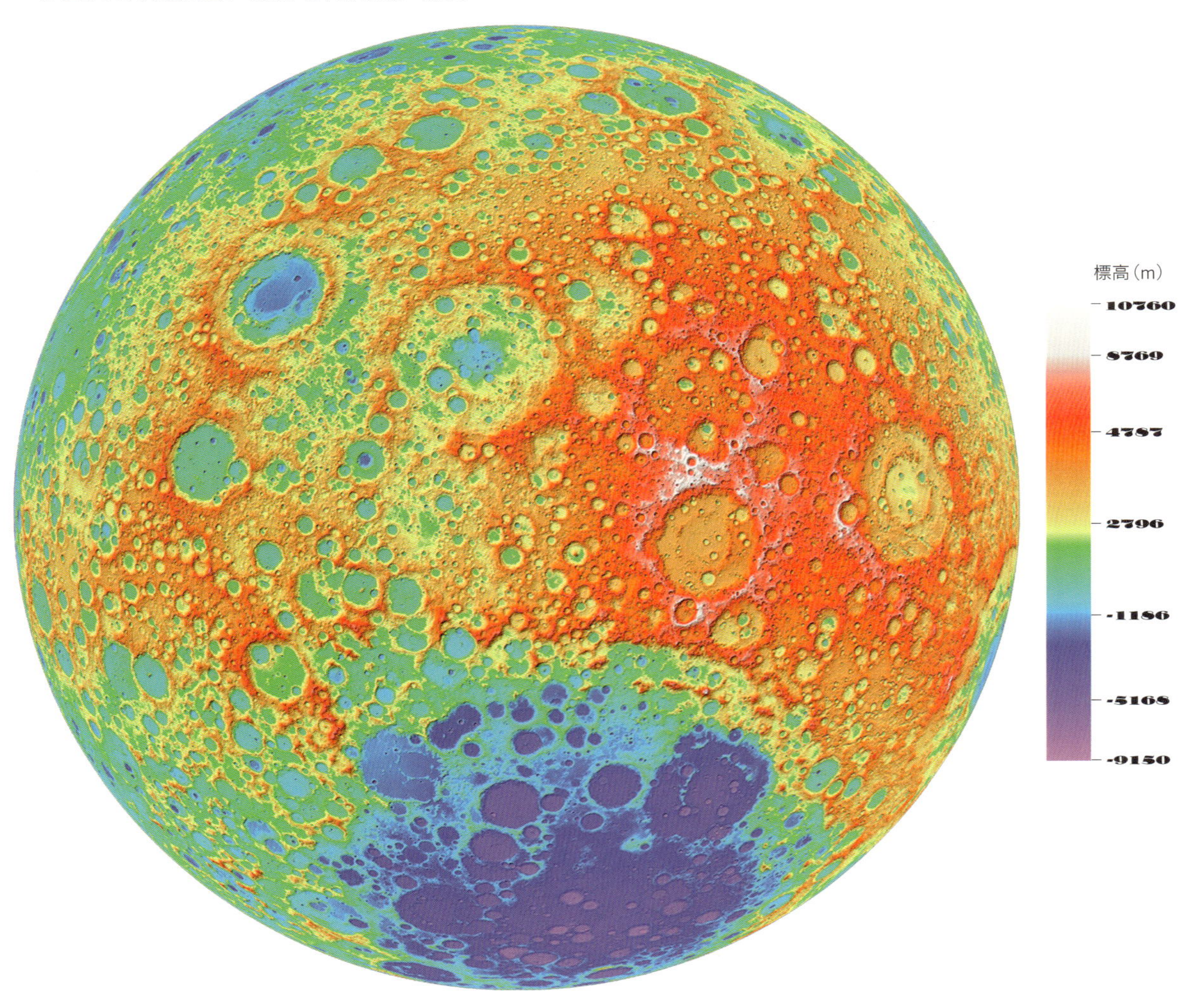

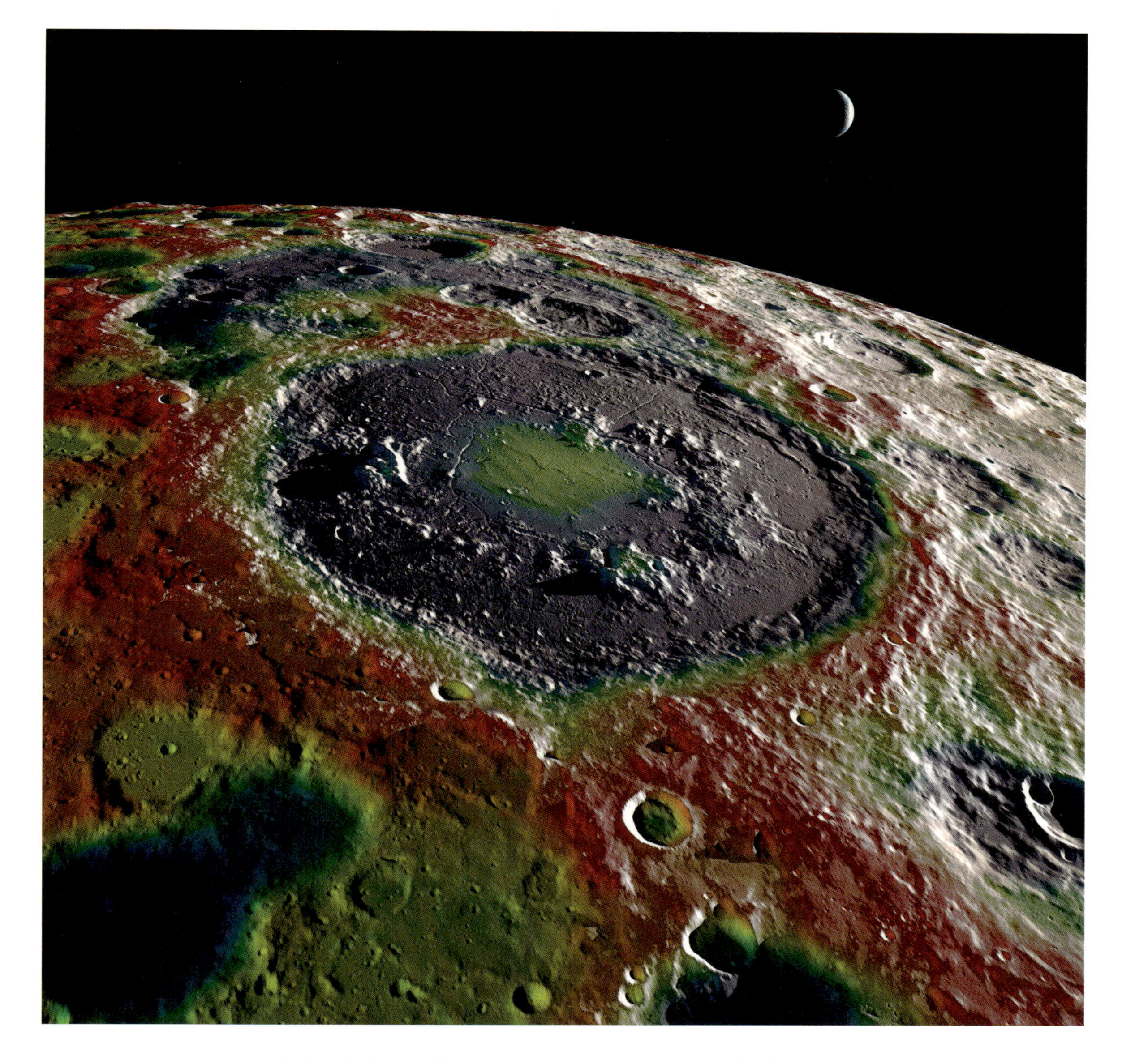

NASA, Gravity Map of the Moon

NASA、月の重力図

　岩石でできた惑星や衛星の重力は均一ではない。天体の内部や表面の不均衡によって、かなりの変動が生じることがある。この変動は、月を周回する宇宙船にも影響を与える。2013年に、GRAILミッションによって月の重力図が作成された。上の画像では、平均重力（月が完全に均一で滑らかな球体だった場合に、月全体の重力となる値）が黄色で示されている。赤は重力が強い部分、紫は弱い部分を表す。この画像は月の裏側で、中心に見えるのは「モスクワの海」と呼ばれる衝突地形だ。　［2013年］

Mapping the Universe

Chapter

3

From Points to Planets

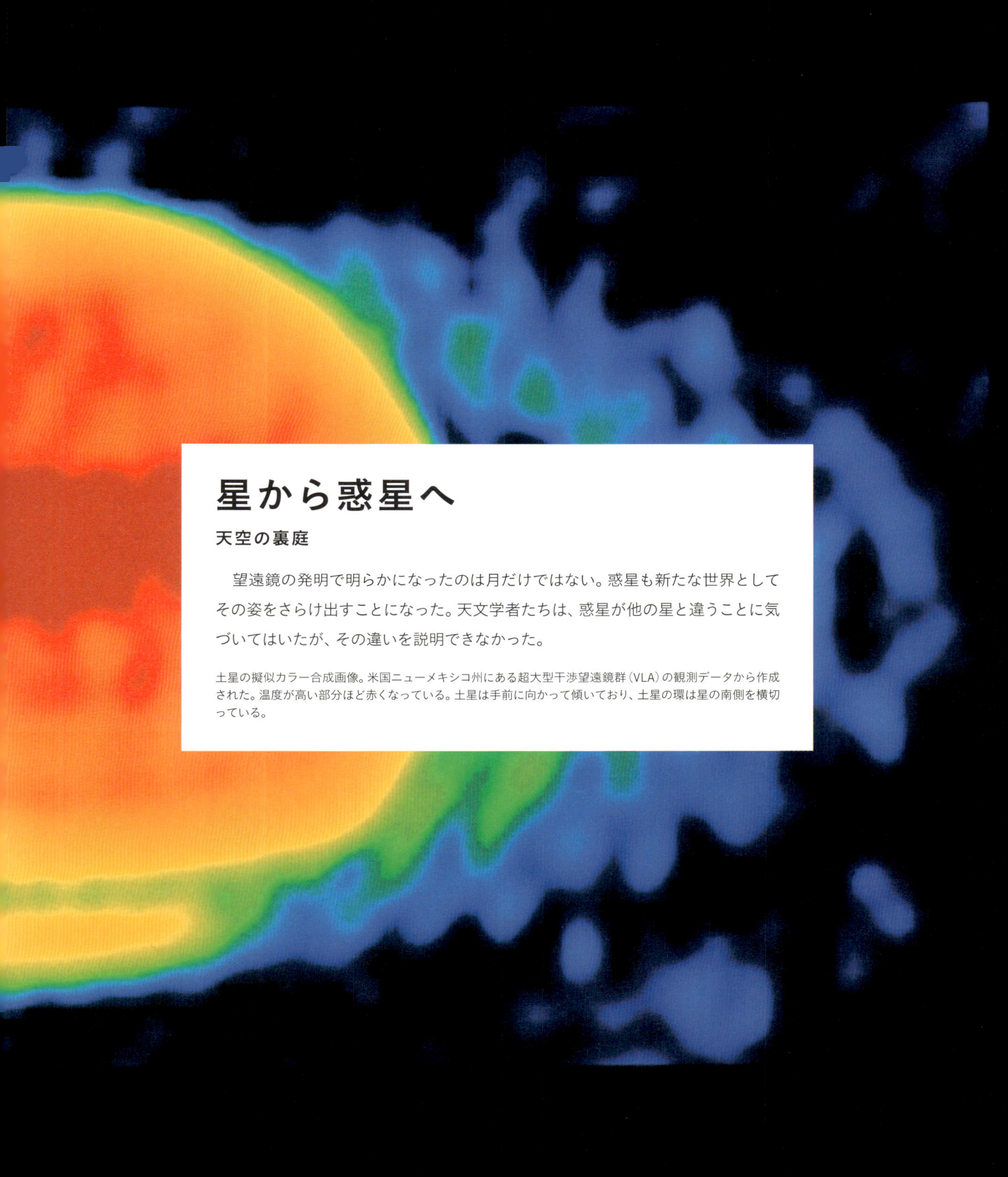

星から惑星へ

天空の裏庭

　望遠鏡の発明で明らかになったのは月だけではない。惑星も新たな世界としてその姿をさらけ出すことになった。天文学者たちは、惑星が他の星と違うことに気づいてはいたが、その違いを説明できなかった。

土星の擬似カラー合成画像。米国ニューメキシコ州にある超大型干渉望遠鏡群（VLA）の観測データから作成された。温度が高い部分ほど赤くなっている。土星は手前に向かって傾いており、土星の環は星の南側を横切っている。

さまよえる星

肉眼では、惑星と他の星は同じように見えるが、すぐにわかる違いがある。星はまたたくが、惑星の輝きは安定している。それよりも重要なのは、我々の祖先も気づいてその軌跡を追い続けたように、惑星は、規則正しく動く星々を背景に天空をふらふらさまよっている。恒星は、極を中心として空全体が回転するように、まとまって動くだけだ。そこで、古代の人々は惑星を「さまよえる星」と呼んだ。プラネットという英語の名も、「さまようもの」というギリシャ語が語源だ。しかし彼らには、惑星とはいったい何なのかを知るすべはなかった。

闇に浮かぶ円盤でしかなかった惑星は、望遠鏡のおかげで、現在我々が知るような巨大な岩石や氷、ガスの塊であることがわかってきた。初期の望遠鏡では、ごく大まかな表面の形状、環や衛星の一部しかわからなかった。望遠鏡が改良されるにつれて、特徴がさらに明らかになり、岩石惑星の表面の地図作りが可能になった。ただし、巨大ガス惑星は安定した地形と呼べるものがないため、同じような地図は作れない。望遠鏡はさらに、新たな惑星の存在を確認可能にした。有史以前から知られていた肉眼で見える５つの惑星（地球を除く）に加え、1783年に天王星が、1846年に海王星が、1930年に冥王星（正真正銘の惑星に認定されていたのは短期間）が発見された。

1891年、エミール・デボーによる『庶民の物理学』の挿絵。大きさの比較のため外惑星と言われるガス惑星と氷惑星が並べられている。端には地球も見える。

前ページ：1783年に天王星を発見したウィリアム・ハーシェル製作の巨大望遠鏡。その大きさは12メートルに及ぶ。天王星発見後に製作。

2015年、NASAのカッシーニ探査機が土星の衛星の1つ、エンケラドスの表面から噴出する水と水素の間欠泉(プルーム)に突入して写真を撮影した。エンケラドスは、太陽系内で地球以外に生命が存在する可能性があるとされている。

進化する観測機器

月の地図と同様、初期の惑星の地図も粗く大まかだった。望遠鏡の発達とともに地図はどんどん詳細をきわめていき、最終的に写真が天文学者や地図製作者の縄張りに参入してくる。

とはいえ、惑星研究に最大の恩恵をもたらしたのは、宇宙飛行だ。望遠鏡やカメラ、計測機器を積んだ探査機を惑星周回軌道に送り込めるようになり、さらには惑星に着陸できるようにまでなったおかげで、以前にも増して、太陽系をさらに詳しく調査して地図を作成する道がひらけた。現在では、惑星の組成や温度、異なる地点の標高まで測定できる。

エンケラドスの地表は氷に覆われているが、その下には液体の海が広がっていると見られる。表面は、地殻活動や隕石の衝突でできた傷跡による、隆起や亀裂やクレーターが目立つ。

準惑星冥王星の擬似カラー合成画像。探査機ニュー・ホライズンズが2015年のミッションで収集したデータからNASAが作成した。中心部のピンク色の部分は、スプートニク平原の氷河。

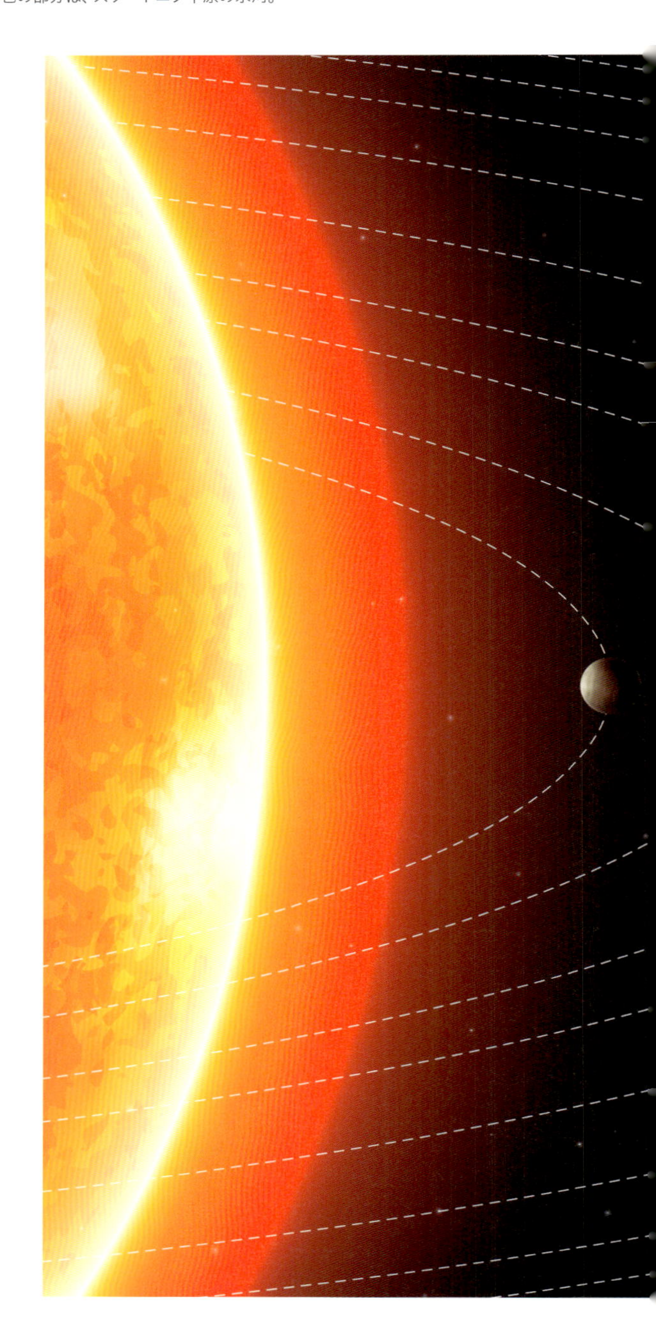

分光による計測

惑星の情報を集める際に重要になるのが、分光と呼ばれる手法だ（P.78参照）。19世紀に初めて登場した技術で、物体が放出または吸収する光から元素を特定することができる。具体的には、惑星から届く電磁波（可視光、電波、赤外線、紫外線を含む）の波長を計測すればいい。

惑星自体は光を放射しないが、太陽の光を反射する。ただし、注がれる光（やその他の電磁波）をすべてそのまま反射するのではなく、一部が惑星を構成している気体や液体や鉱物に吸収される。そのため、反射する電磁波を調べれば、どの部分の波長が吸収されたのかがわかる。それを既知の物質の吸収スペクトルと比較すれば、惑星の全体や部分の組成がわかるというわけだ。

同じ技術を使って、惑星の温度や存在する水の量を判断することもできる。色は、惑星の異なる地点での組成や温度を知る手掛かりとなる。

太陽系の既知の惑星８つと準惑星冥王星。太陽から外側に向かって、水星、金星、地球、火星、木星、土星、天王星、海王星、冥王星の順。地球の横に月が描かれているが、他の惑星の衛星は省略されている。次ページ以降は、太陽から近い順に各惑星を取り上げることにする。まずは水星だ。

Eugène Antoniadi, La Planète Mercure

ウジェーヌ・アントニアディ『水星』

水星は観測しにくい惑星で、十分な機能を備えた望遠鏡が作られるまで秘密のベールに包まれていた。1639年、イタリア人天文学者ジョバンニ・ズッピが水星にも満ち欠けがあることを発見したが、表面までは観測できなかった。1889年、ジョバンニ・スキャパレリが水星の地形を初めて記録しようと試み、水星の座標系を定めた。

1924年及び1927〜1929年にかけての観測結果から、初めて水星の表面図を作成したのが、ウジェーヌ・ミシェル・アントニアディである。彼はパリ天文台の観測所、ムードン天文台の83センチメートルの望遠鏡で水星を観測した。この望遠鏡は、彼が火星運河説を否定する際に使用したのと同じものである(P.88参照)。アントニアディの地図は、水星は常に同じ面を太陽に向けているという間違った前提に基づいている。実際の水星はゆるやかに自転していて、その周期は58日だ。そのため、彼の地図は正確ではない。

アントニアディがつけた名前がベースとなって、後年、水星の地名の命名規則ができる。1973年、新たにつけられた地名を管理するため、「水星命名タスクグループ」が設立され、規則が定められた。例えば、巨大クレーターには、作家、芸術家、音楽家の名前、峡谷には電波天文台の名前、断崖には探査や科学的研究に関わった宇宙船の名前、平原には「水星」を表す各言語や水星を意味する世界各地の神の名前、谷には古代都市の名前がつけられている。

［1934年］

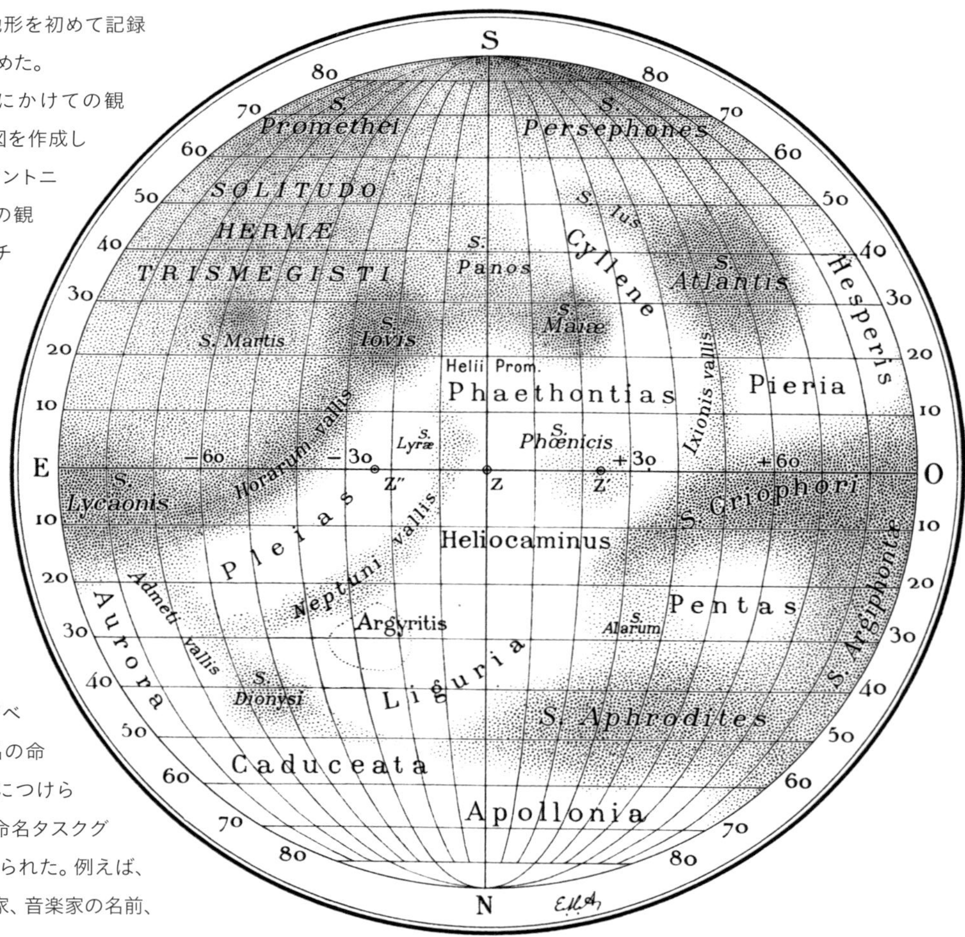

Mariner 10, Mercury

マリナー10号、水星

1974年にNASAの探査機マリナー10号が収集したデータを再加工した画像(帯状の色が薄い部分は、データがないことを示している)。マリナー10号は、水星の表面の45%相当を撮影した。この画像は、データを統合して不完全ながら地図に仕上げたものだ。 ［1974年］

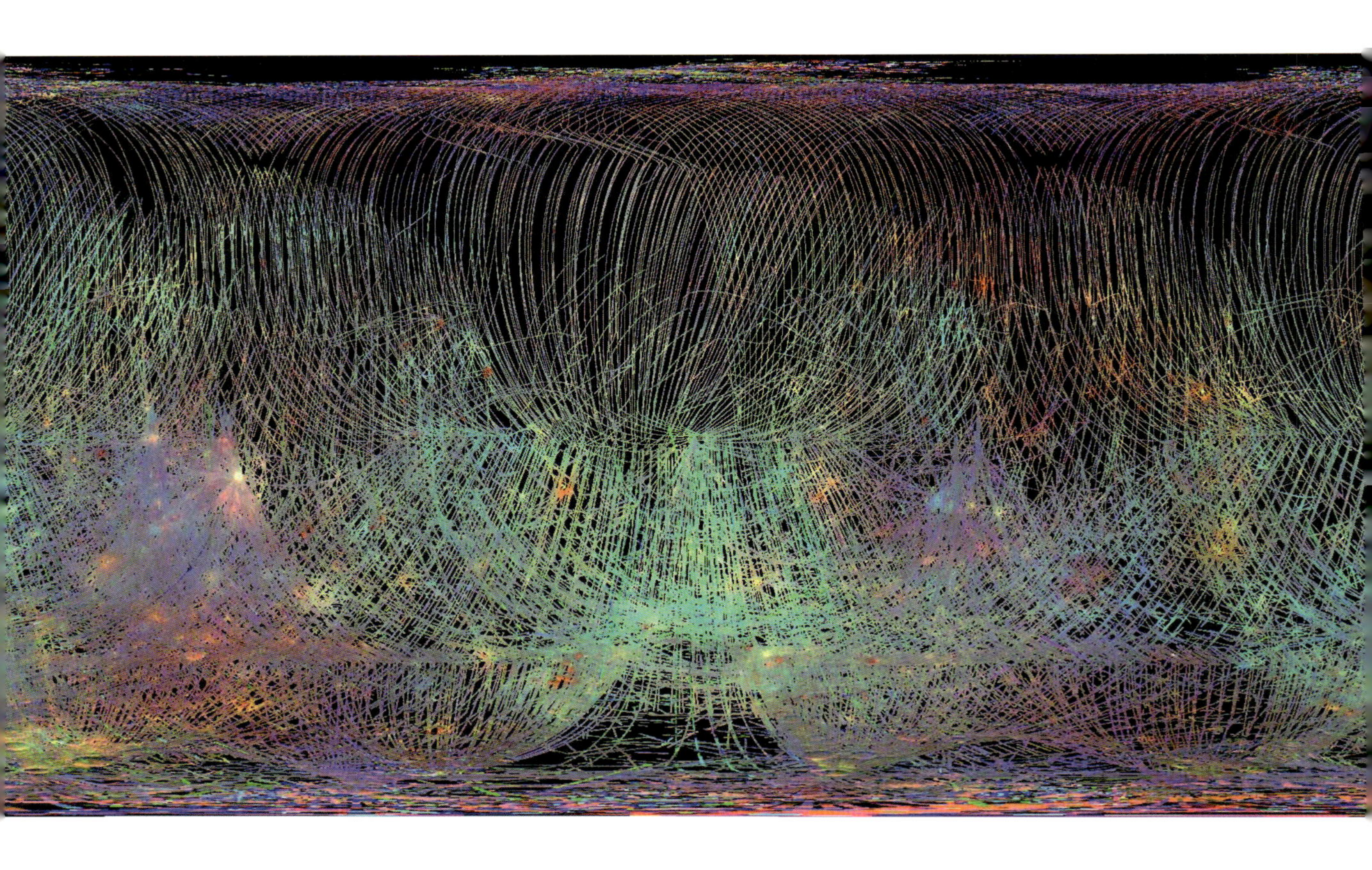

NASA, Composition of Mercury

NASA、水星の組成

この画像は、NASAの水星周回観測用の探査機メッセンジャーに搭載された水星大気・表面組成スペクトロメーター（MASCS）によるものだ。MASCSには、可視光すべてを含む、紫外線から赤外線までの波長の電磁波の観測が可能な計器が2台搭載されており、水星の薄い大気や地表から反射する光を調べることができる。上図の細い線1本につき上空を1度通過し、真下のデータが得られたことを示す。線が密な部分ほど、頻繁に上空を通過したということになる。収集したデータと、化学元素の既知の分光学的特徴から、元素を特定することができる。

この画像は、視覚的にわかりやすいように、波長がグループごとに色分けされている。いずれはMASCSのデータから、水星の組成、地質的歴史、地表や大気の化学的相互作用といった貴重な情報が得られるだろう。［2012年］

NASA Messenger, Mapping Mercury

NASAの探査機メッセンジャー、水星の地図

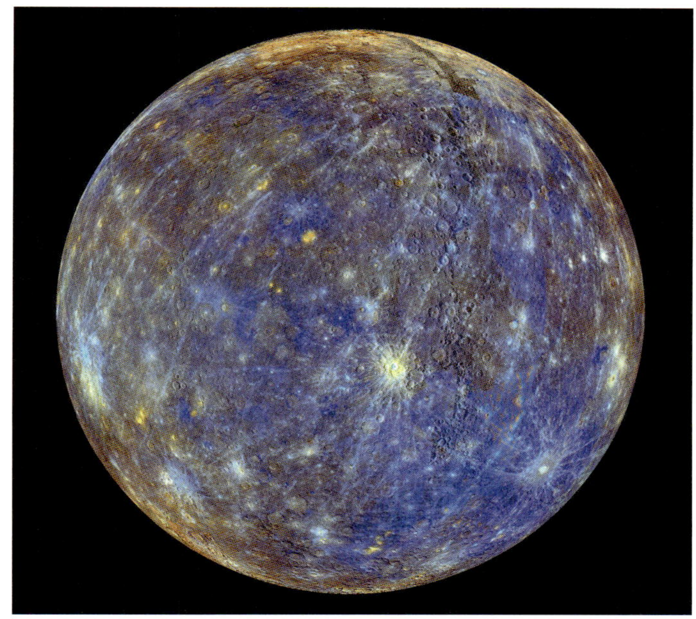

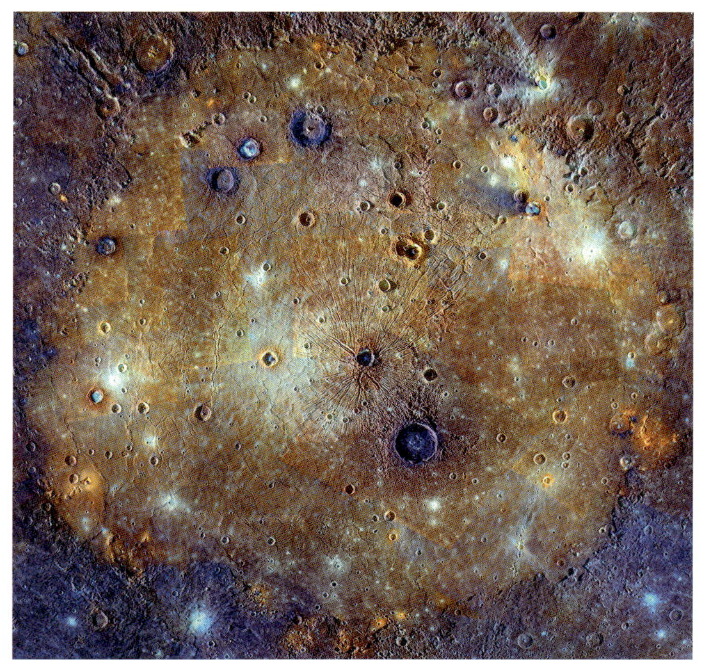

2011〜2015年にかけて、NASAの探査機メッセンジャーが水星を調査し、画像を撮影した。メッセンジャーから送られてきた画像は30万枚に及び、そのうち10万枚をつなぎ合わせて水星表面の詳細な合成地図が作られた。この図は、表面の高さがわかるように着色されている。海がない水星では、海面を基準にして標高を測ることができないので、平均半径が基準となっている。最も低い場所は平均より5380メートル低く、最も高い場所は平均より4480メートル高い。表面には、火山性のクレーターや、固まった溶岩流を示す線状の地形、隕石による衝突クレーターが見られる。

カロリス盆地（下）は、水星で最も新しい衝突地形とされる直径1550キロメートルほどの地形だ。太陽系最大級の衝突地形とも言われており、38億〜39億年前に少なくとも100キロメートルはある天体が衝突してできたようだ。この着色画像では、オレンジ色は火山性溶岩に覆われた部分、青はその後にクレーターができて盆地の底が露出したと考えられる部分を示している。　［2016年］

Francesco Bianchini, The Surface of Venus

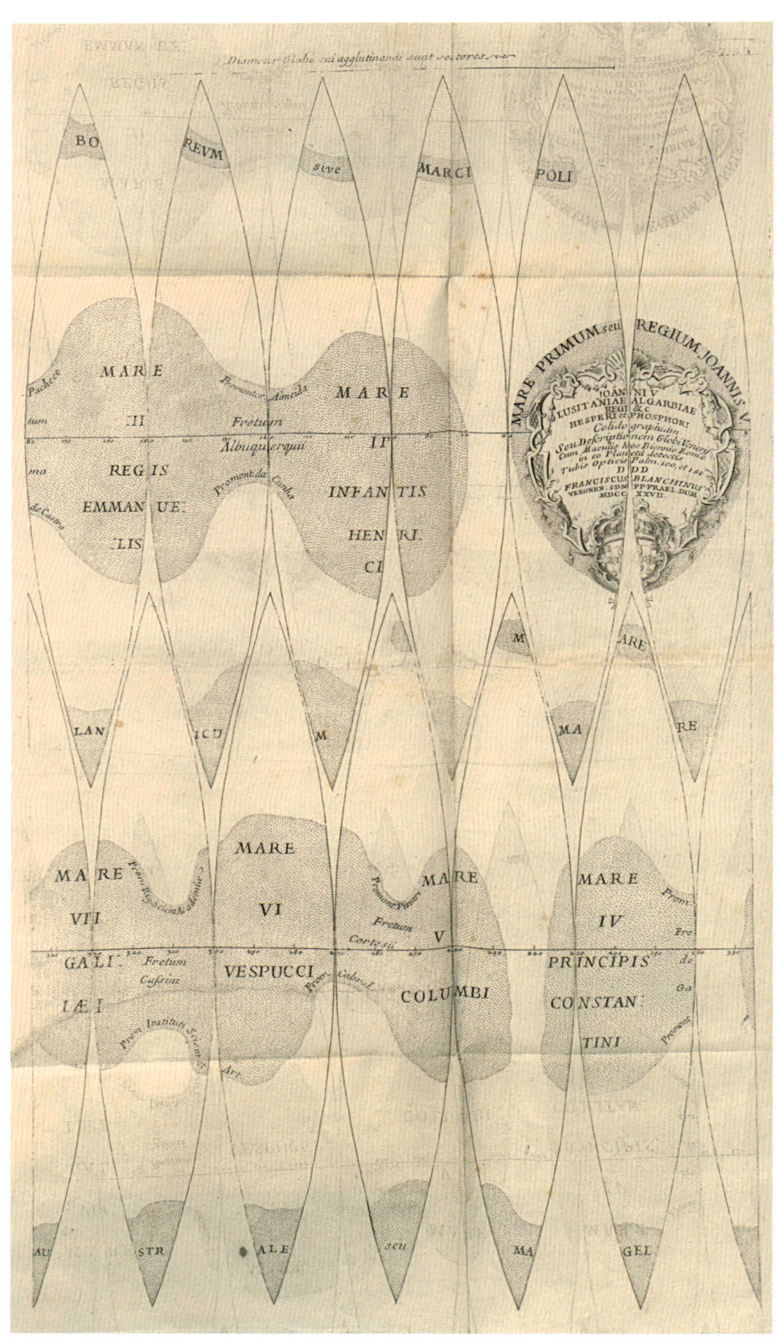

フランチェスコ・ビアンキーニ、金星の表面

イタリア人哲学者で、科学者でもあるフランチェスコ・ビアンキーニは、金星の表面を観測してその回転周期を計算しようとした。改暦に当たって、天文学的に正確なイースターの日付を特定するにはどうしても必要だったからだ。

ビアンキーニは、海と大陸に相当する明るい部分と暗い部分を発見したと信じ、それに従って命名した。17世紀には、イタリア人天文学者フランチェスコ・フォンタナが金星を観測し、その満ち欠けとともに、自身が発見したとする衛星について図を残している。だが、金星に衛星は存在しない。金星に山脈を見つけたと主張する天文学者もいた。一方、クリスチャン・ホイヘンス（P.102参照）は、金星は厚い大気に覆われており、大陸や山脈や海があったとしても、大気にはばまれて見ることはできないと正しく指摘した。

ビアンキーニの金星の表面図は、貼り合わせると球体になるように多円錐図法で描かれている。

［1728年］

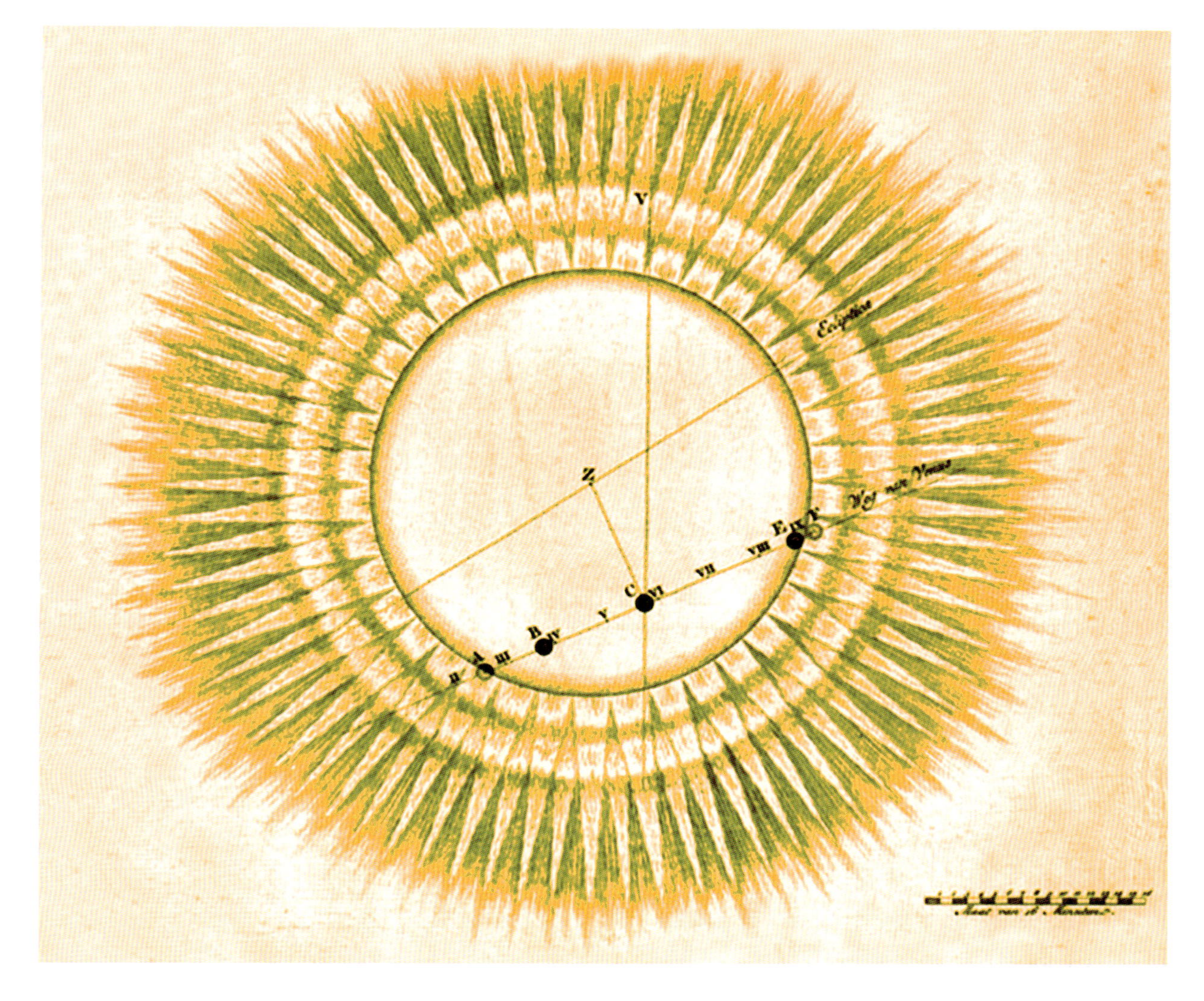

Nicholas Ypey, The Transit of Venus

ニコラス・イピー、金星の太陽面通過

　この彩色画には、金星の太陽面通過という珍しい現象が記録されている。地球から見ると、その間、金星は小さな黒い円盤のように見える。

　この現象は、昔から科学的に重要な意味があった。地球や他の惑星と、太陽との距離を算出するのに利用できるからだ。

　1761年、天文学者たちは、地球上の異なる地点から金星の太陽面通過に要する時間を計測し、三角法を使って地球と金星の距離を算出した。太陽と各惑星との相対距離はケプラーが計算済みで、金星と太陽との距離は地球と太陽の距離の0.72倍であることがわかっていた。ケプラーの計算方法を使って求めた地球と太陽との距離は約152,887,680キロメートルだった。実際の距離は149,597,871キロメートルなので、かなり正確な数値であることがわかる。　［1761年］

金星の北半球

USGS, Venus Topography

米国地質調査所、金星の地形

この地形図は、10年にわたる金星のレーダー調査によって収集された地形データをもとに作成された。折り曲げると球状になる。

1990〜1994年に行われた惑星探査機マゼランによる金星探査によって、金星の地表の98%を100メートル単位で表すことができるようになった。地形図は、探査機が金星を4225回周回して撮影した、幅20キロ、長さ1万7000キロ（金星の表面の半周分に当たる）の範囲を網羅する細長いレーダー画像を組み合わせて作成された。色分けは、標高を示している。マゼラン探査機が採取できなかったデータもあるが、欠けている部分には当時

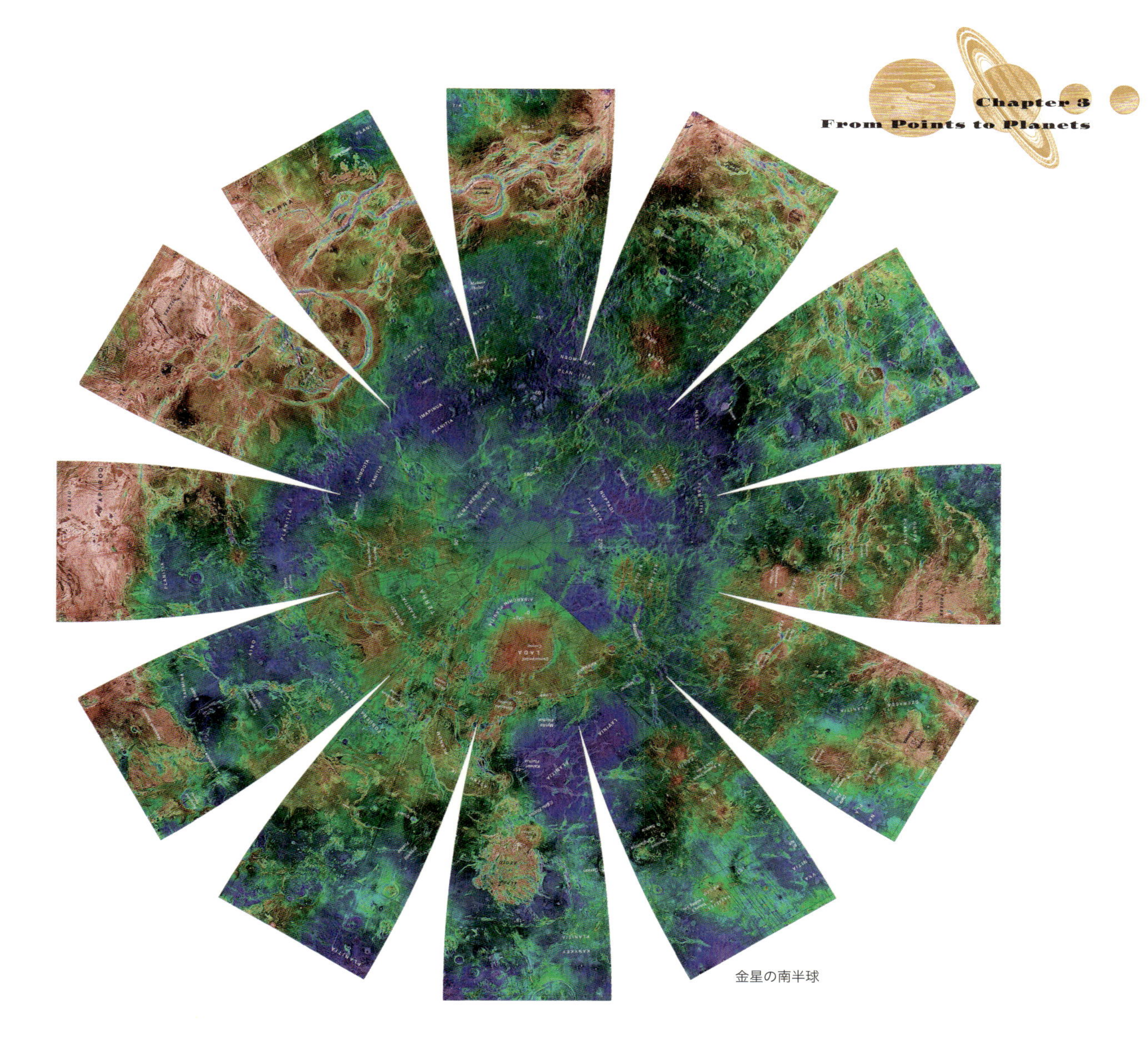

金星の南半球

のソビエト連邦のベネラ計画で得られたデータが使用されている。

マゼラン探査機の調査から、金星表面の85%が火山性溶岩で覆われていることや、それが約5億年前に形成されたことがわかっている。地球では、標高が高い部分や低い部分はある程度まとまって存在する（海洋、山脈、平原など）が、金星はそうではない。金星は表面温度が高く、冷えて固まるまでに溶岩が広い範囲を流れたせいだろう。水がないので、地球のように地形が浸食されて再形成されることもない。［1990年代］

Richard of Haldingham and Lafford, Mappa Mundi

ハルディンガムとラフォードのリチャード、ヘレフォード図

地球の地図は何世紀もの間、あらゆるものをまとめて記してきた。英国のヘレフォード大聖堂に保管されているマッパ・ムンディ（世界地図）は、1300年頃に作られたもので、当時知られていた世界が描かれている。中世の他の地図と同様、地図であると同時に宗教的な面も併せもつ。この地図には、町や川の場所とともに、実在の動物と神話上の獣、架空の異民族なども、それぞれ注釈付きで記されている。東が上で、中心にあるのは聖都エルサレムだ。地図は1枚の犢皮紙に書かれている。人工の建造物や生物の分布まで記されるのは地球の地図ならではの特徴だ。他の惑星の地図に記されるのは地形だけだ。

［1300年頃］

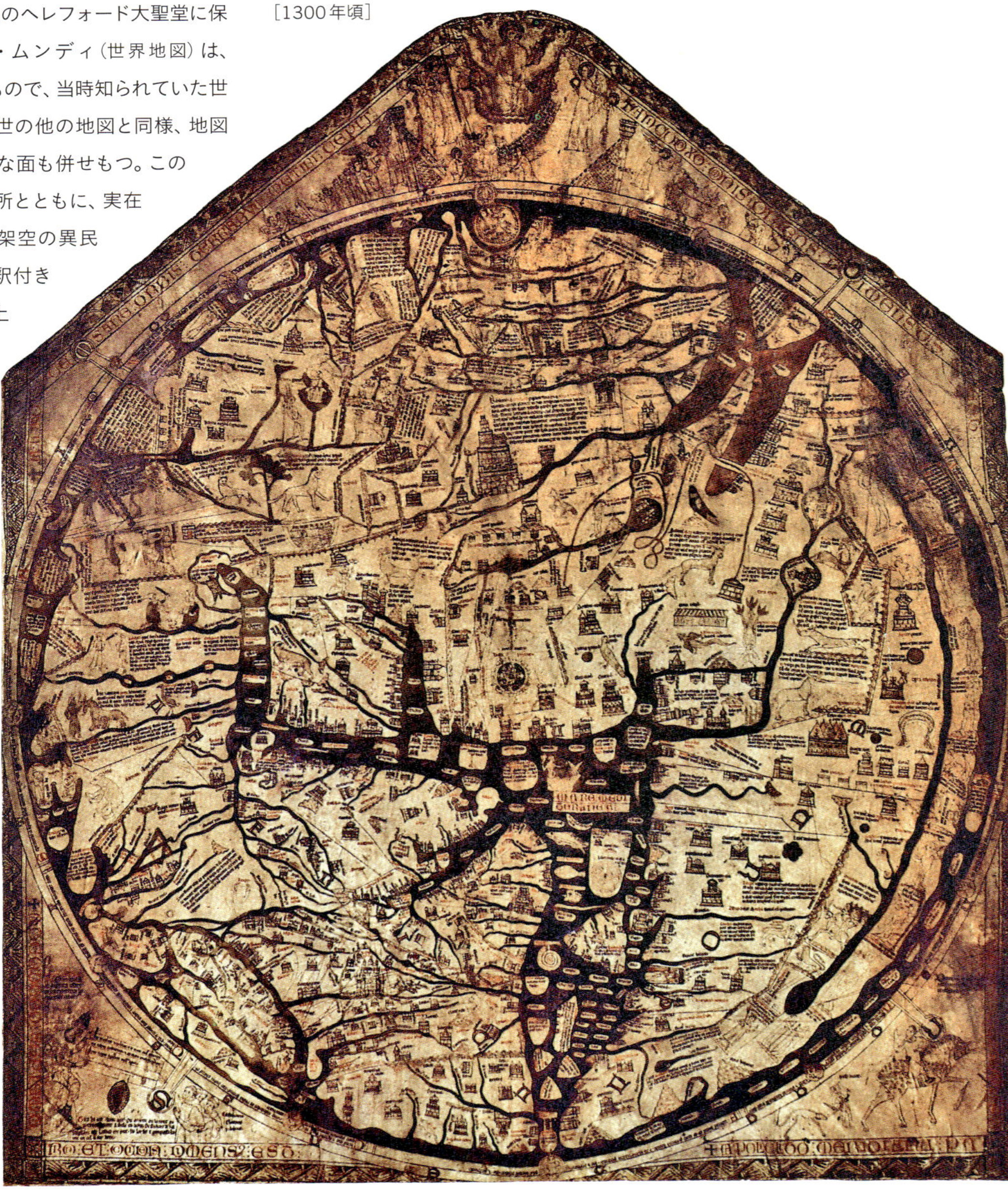

Apollo 17, 'Blue Marble'

アポロ17号「ブルー・マーブル」

右の写真は、有人宇宙船アポロ17号から中東、アフリカ、マダガスカル、そして南極の氷原を撮影したもので、宇宙から見た地球の姿をとらえた象徴的な一枚だ。初めて宇宙から地球を撮影した写真は、V-2ロケットが1946年に撮影したものだが、画像は判別できないほど粗いものだった。翌1947年には、もう少しきれいな写真が撮影されている。

2500年前にアナクシマンドロスは、地球は宇宙空間で支えられることなく浮いていると主張した。それを裏付ける最初の写真が、1966年にNASAのルナー・オービター1号によって撮影された。この探査機の目的は月での着陸地点を探すことであり、写真（下）の撮影は計画にはなかった。しかし、ミッションの最終局面にいたってカメラが地球に向けられることになった。　［1972年］

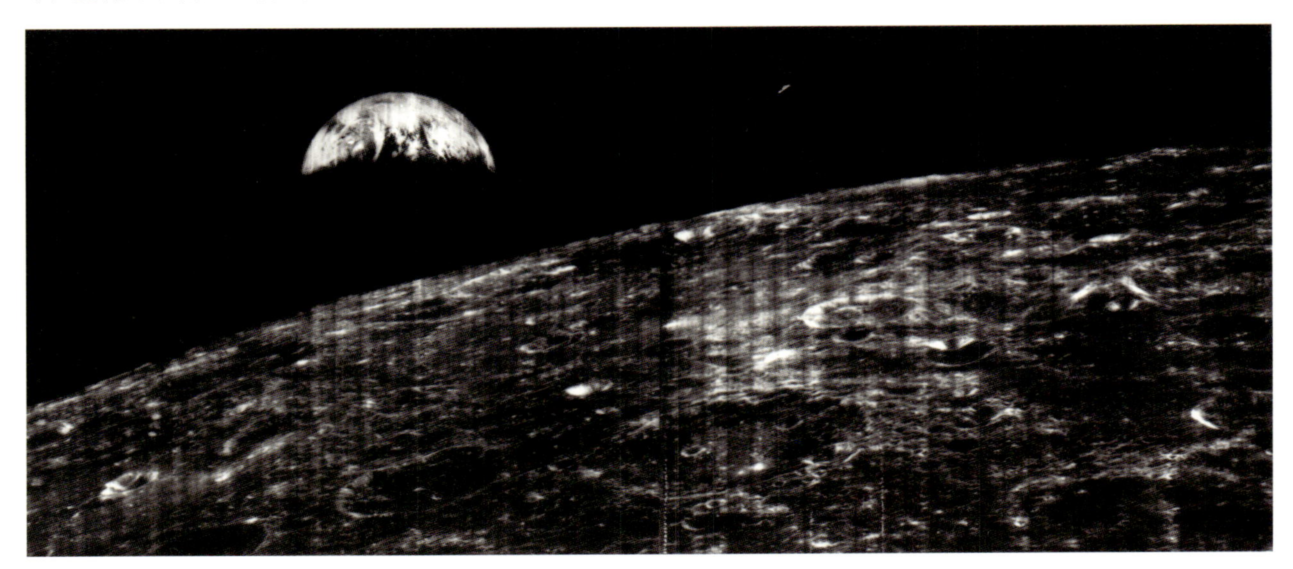

Johann Mädler and Wilhelm Beer, Mars

ヨハン・メドラーとヴィルヘルム・ベーア、火星

ガリレオは、望遠鏡で火星をのぞいた最初の人物として知られているが、地形を確認するまでにはいたらなかった。その後、ジョバンニ・カッシーニ、ウィリアム・ハーシェル、ロバート・フック、クリスチャン・ホイヘンスなどが火星の陰影のスケッチを残しているが、世界で初めて地図製作に挑戦したのは、ドイツ人天文学者ヨハン・メドラーとヴィルヘルム・ベーアだ。2人は1831年から、座標系を定め、確認できた地形をグリッド上に記入していった。2人が定めた火星の子午線（図に0度と記されている南北の線）は、今でも使用されている。　［1840年］

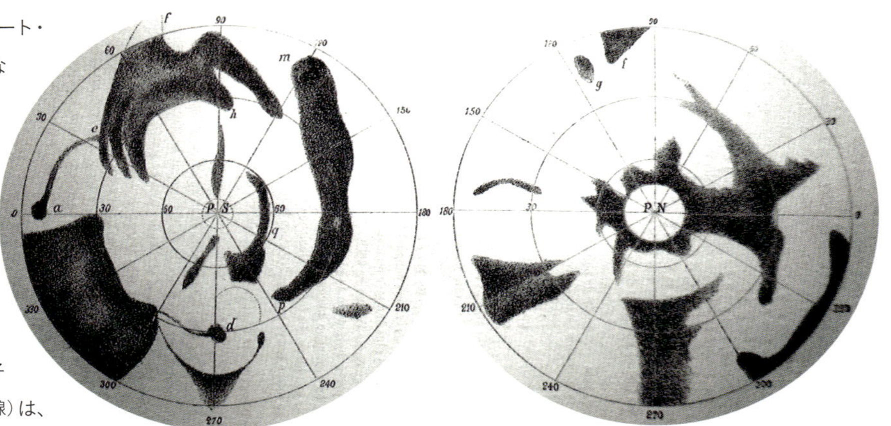

Richard Proctor, Mars

リチャード・プロクター、火星

その後も、天文学者や芸術家たちは目に映る火星を描き続けた。右の地図は、リチャード・プロクターの『地球以外の天体』（1870年）に掲載されたもので、アマチュア天文学者のW・R・ドーズ牧師のスケッチに基づいている。プロクターは、海や大陸だと考えた場所に初めて名前をつけた人物だ。図の両極には氷原まで描かれている。

［1870年］

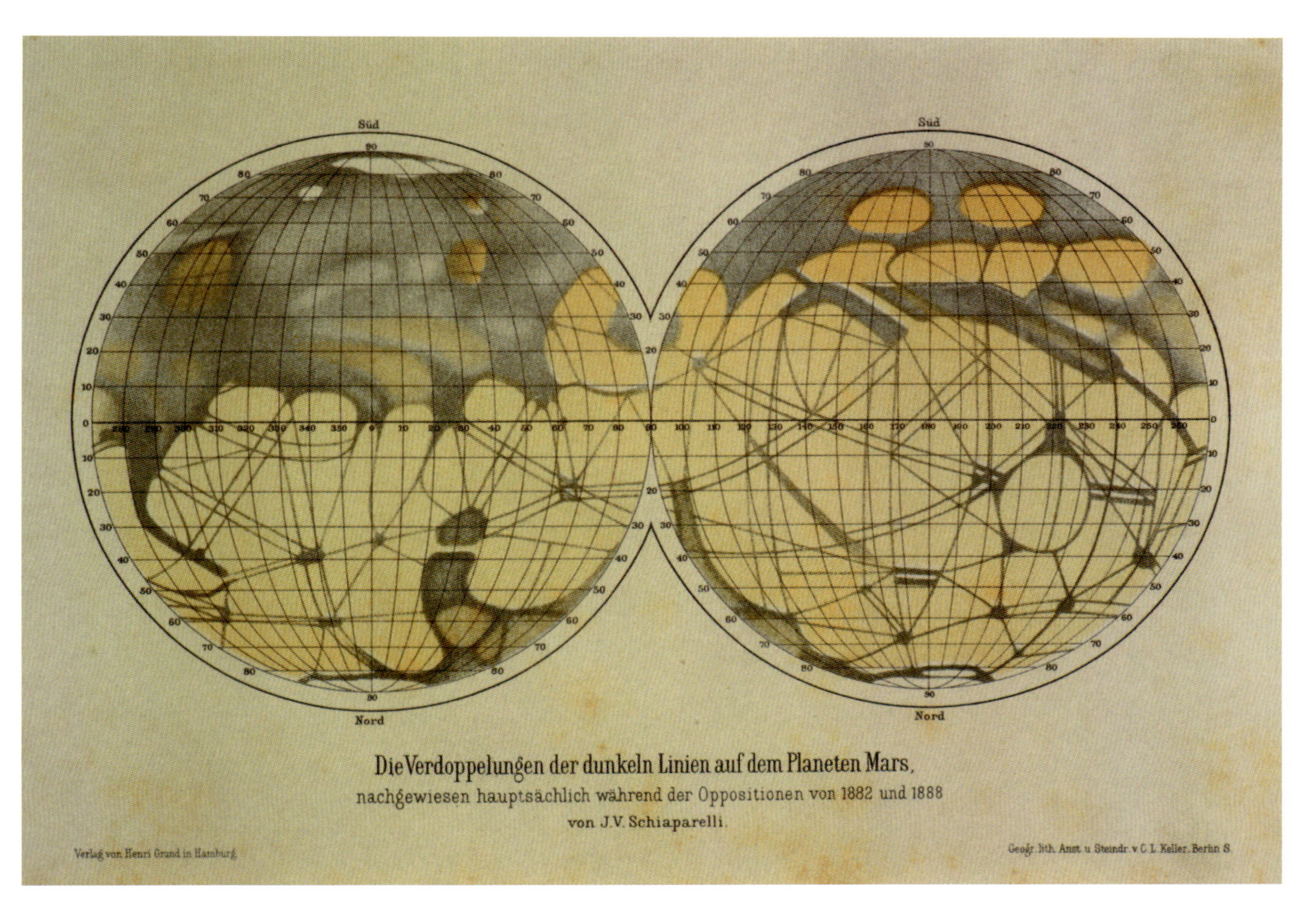

Giovanni Schiaparelli, Canali on Mars

ジョバンニ・スキャパレリ、火星の「溝」

1877年、イタリア人天文学者ジョバンニ・スキャパレリは、望遠鏡で見た火星の地図製作にとりかかり、地形に名前をつけていった。明るい部分が陸で暗い部分が水だと考えたが、これが後の騒動の発端となる。彼は、網の目状に走る溝に水が流れていると考え、イタリア語で「canali」（溝）と表現した。しかし、「channel」（自然にできる海峡）ではなく「canal」（運河）と英訳されてしまったため、火星人が作った人工物だと理解されてしまう。この思い込みはすぐに一人歩きを始め、火星人は乾燥していく星で生存を脅かされつつあり、極地から水を引くために運河を作っているのだと誤解されてしまった。米国人実業家のパーシバル・ローウェルは、この火星人の運河に夢中になるあまり、観測用の天文台まで建ててしまった。

しかし言うまでもなく、火星に運河は存在しない。多くの人々が目にした溝は、当時の望遠鏡のレンズが作り出した物にすぎず、目の錯覚でしかないことは後に証明された。望遠鏡が改良されると、その溝も姿を消した。［1878年］

Eugène Antoniadi, Mars Globe

ウジェーヌ・アントニアディ、火星儀

ギリシャ人天文学者ウジェーヌ・アントニアディは、当初、火星の運河説の支持者であり、1890年に、カミーユ・フラマリオンが作った火星の地図に基づいて火星儀を製作した。1909年にアントニアディは、現在では一般的に言われているように、スキャパレリが「溝」と表現した線は目の錯覚だったという結論に達している。［1894年］

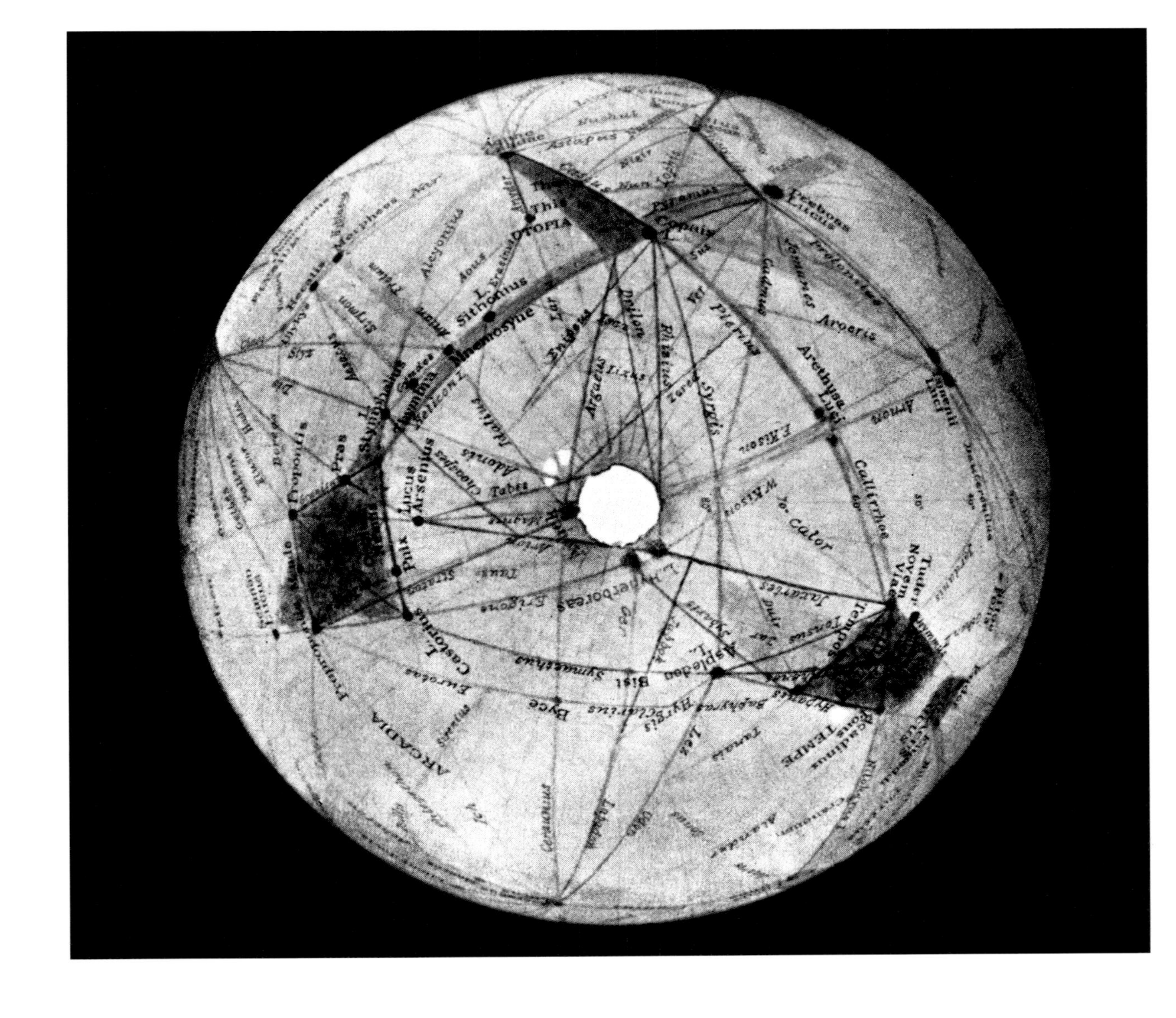

Percival Lowell, Canals on Mars

パーシバル・ローウェル、火星の運河

スキャパレリの火星の運河の報告に続き、米国人実業家で天文愛好家のパーシバル・ローウェルが、運河の存在を証明する作業に取りかかる。この運河こそ、建築技術を持つ高度な文明が火星に存在する証拠だと考えたのだ。1894年、火星が地球まで6500万キロメートルの距離まで接近する。ローウェルは、米国アリゾナ州フラグスタッフに天文台を建設し、このときを待ち構えていた。そして火星人の文明を明らかにすべく、研究に情熱を捧げた。もちろん火星人の文明の存在は証明できなかったが、ローウェルは神話にちなんだ名前を運河につける作業を存分に楽しんだようだ。ちなみに、後の1930年、ローウェルが建てたこの天文台で冥王星が発見されることになる。 ［1908年］

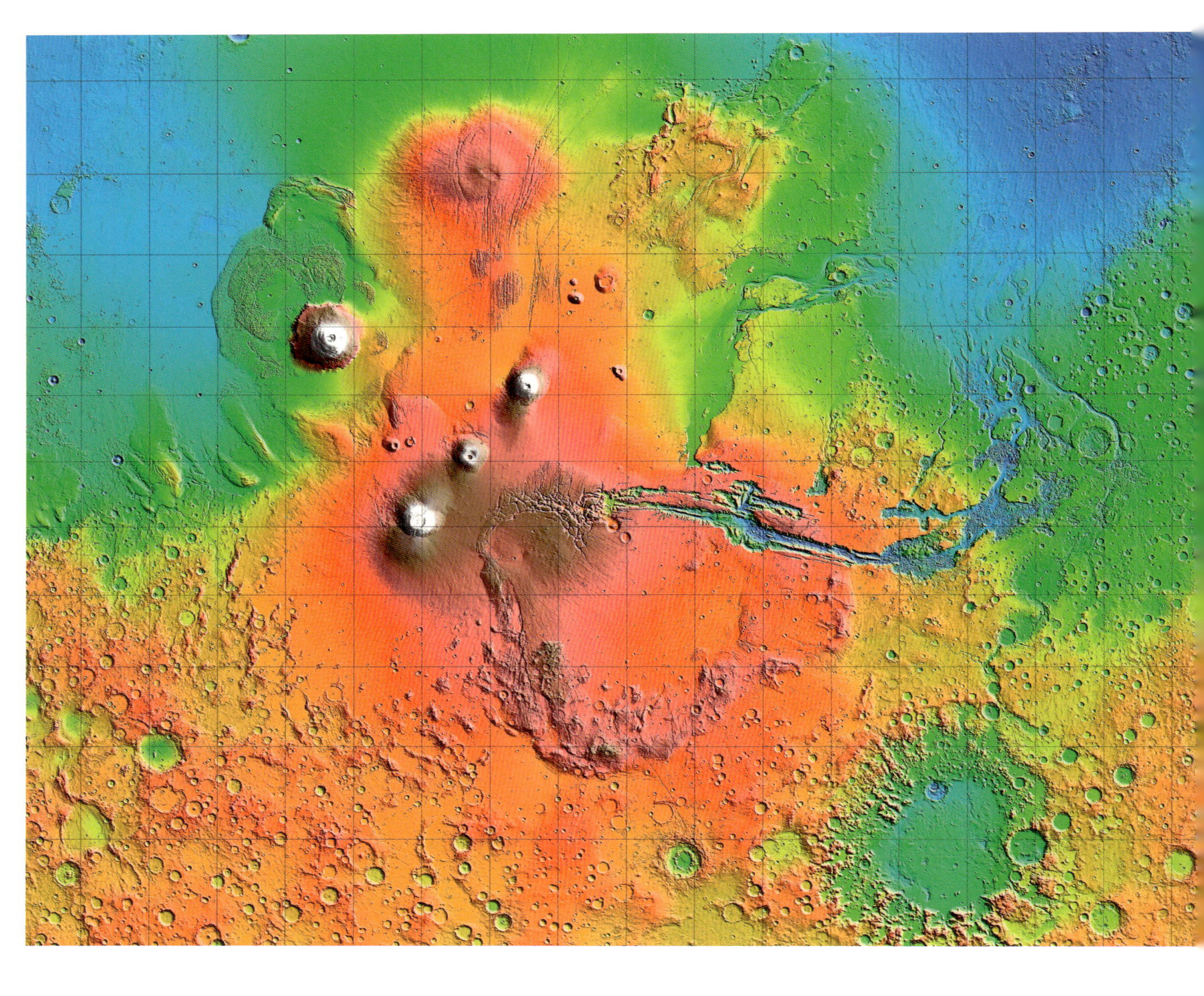

NASA, Topography of Mars

NASA、火星の地形図

この地形図は、NASAのマーズ・グローバル・サーベイヤーに搭載されたマーズ・オービター・レーザー高度計（MOLA）が収集したデータから作成したものだ。標高が低い場所は青、高い場所は赤や茶色で表されており、火山の頂上は白い。図の左側に見えるタルシスと呼ばれる地区にある火山は、地球上のどの山よりも高い。火山の右側に見えるマリネリス峡谷は、米国のグランドキャニオンよりも深く長い。紺色の盆地は幅が2000キロ以上あるヘラス平原だ。約40億年前に隕石が衝突してできたものと考えられている。火星の北側は平坦な部分が多く、南側は険しい高地が多い。［2001年］

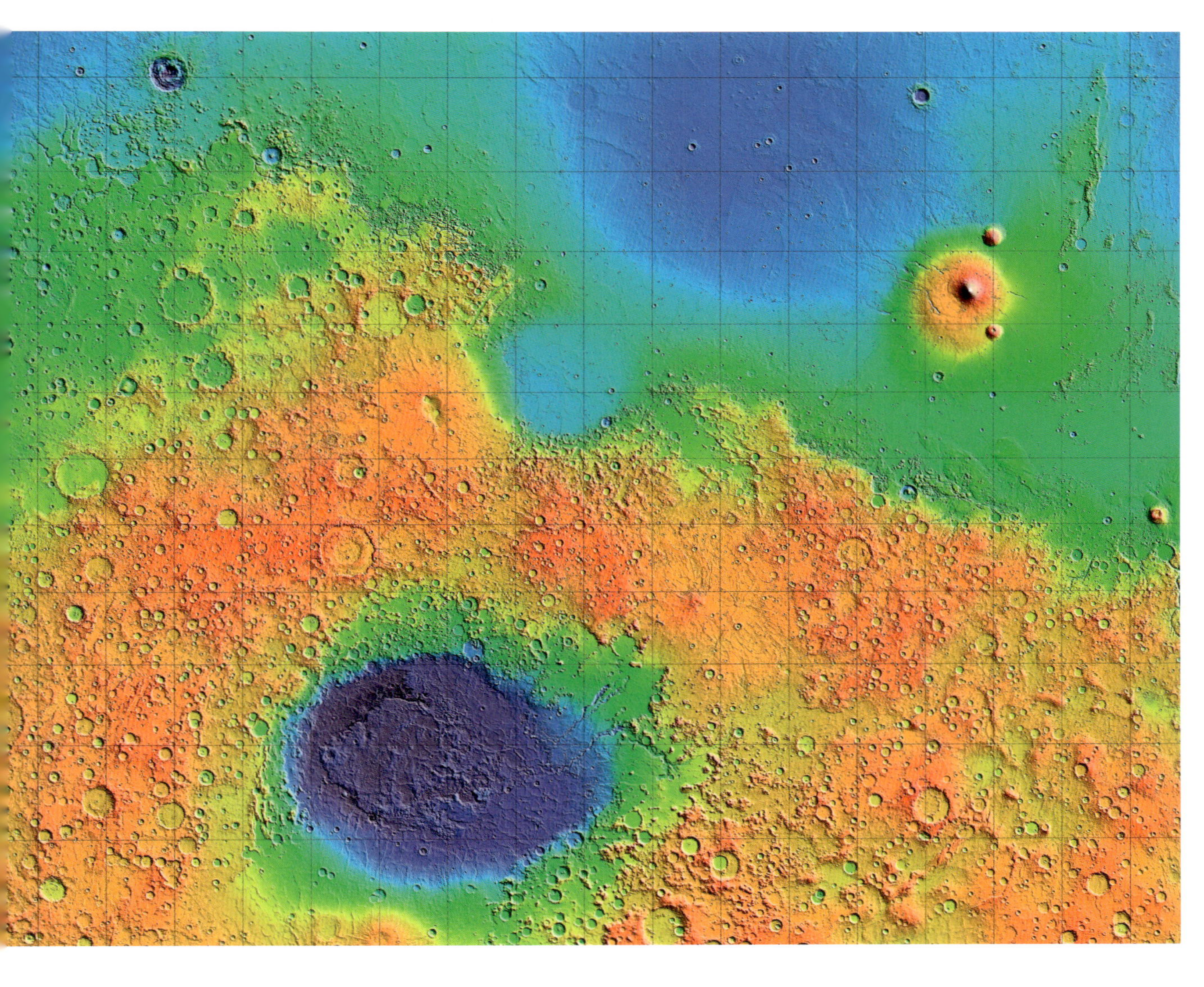

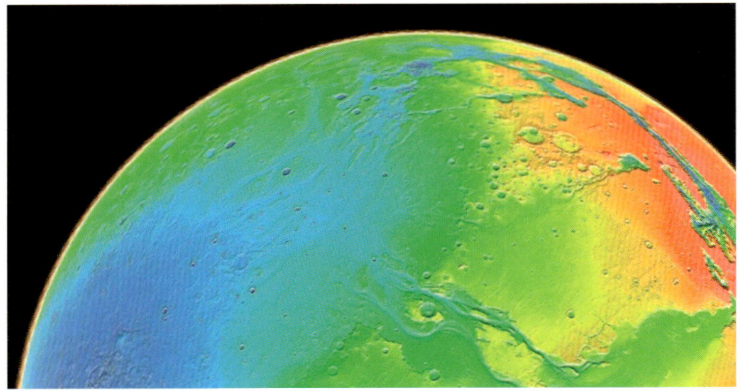

火星の高地と低地の分布を示す図（右）。青い線は、かつて海であった北半球の低地に流れ込む川だった可能性がある。

USGS, Mars Geological Map

米国地質調査所、火星の地質図

　この火星の地質図は、4つの火星探査計画（マーズ・グローバル・サーベイヤー、マーズ・オデッセイ、マーズ・エクスプレス、マーズ・リコネサンス・オービター）で収集されたデータから作成された。ここから、現在の火星の表面の地質的組成や、その歴史の一端がうかがえる。茶色で示されている広範な地域は、表面の岩が40億年前のものであることを示している。　　　　［2014年］

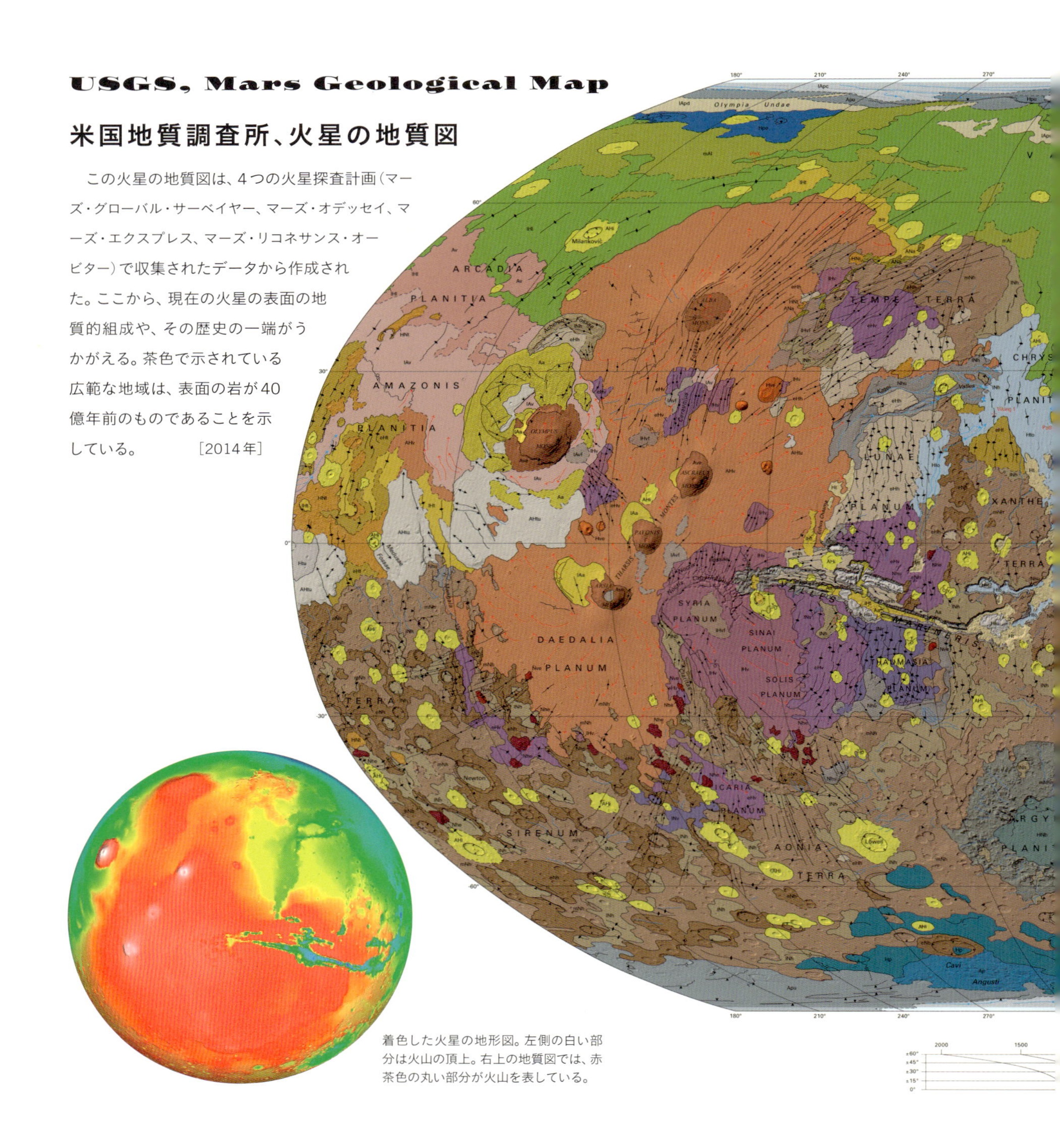

着色した火星の地形図。左側の白い部分は火山の頂上。右上の地質図では、赤茶色の丸い部分が火山を表している。

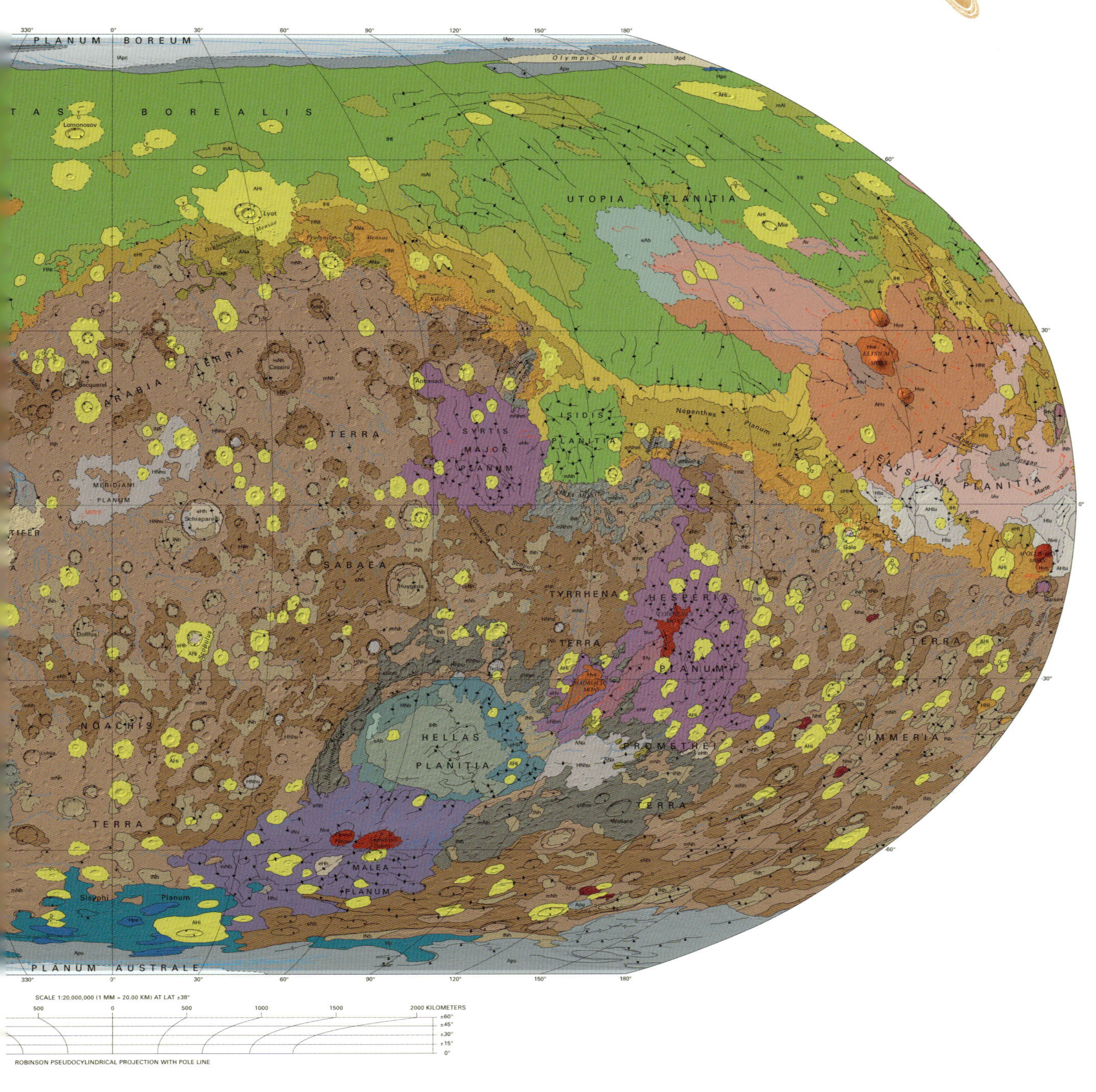
PLANUM BOREUM
Olympia Undae
BOREALIS
Lomonosov
Lyot
UTOPIA PLANITIA
Mie
ELYSIUM MONS
ARABIA TERRA
Cassini
Antoniadi
ISIDIS PLANITIA
SYRTIS MAJOR PLANUM
Nepenthes
Planum
ELYSIUM PLANITIA
MERIDIANI PLANUM
Schiaparelli
SABAEA
Gale
Huygens
TYRRHENA TERRA
HESPERIA PLANUM
TERRA
NOACHIS TERRA
HELLAS PLANITIA
PROMETHEI TERRA
CIMMERIA
Wallace
MALEA PLANUM
Sisyphi Planum
PLANUM AUSTRALE
330°
0°
30°
60°
90°
120°
150°
180°
SCALE 1:20,000,000 (1 MM = 20.00 KM) AT LAT ±38°
500
0
500
1000
1500
2000 KILOMETERS
ROBINSON PSEUDOCYLINDRICAL PROJECTION WITH POLE LINE

Donato Creti, Jupiter

ドナート・クレーティ、木星

ドナート・クレーティによるこの油彩画には、木星を観測する天文学者たちの姿が描かれている。教皇クレメンス11世に献呈された天文を題材とした8点からなる連作絵画の1つで、天文台の建設資金を募るためにボローニャ伯ルイジ・マルシーリから依頼されたものだ。これが功を奏して、ボローニャには初の公立天文台が建てられた。

クレーティの絵には、望遠鏡で見たような木星が描かれているが、木星の帯は決して肉眼で見ることはできない。木星と並んでいる3つの明るい点は、衛星だ。 ［1711年］

Galileo Galilei, The Moons of Jupiter

ガリレオ・ガリレイ、木星の衛星

ガリレオは1610年に初めて木星の衛星を発見してスケッチを残し、さらにその動きを継続的に観察し、分析した。1613年には、記録(右)に基づいて観測結果をまとめた本を出版している。見えた衛星の数は、木星と衛星の相対的な位置によって異なり(いくつかの衛星が木星の背後に隠れたため)、2つか3つ、場合によっては4つだった。木星の衛星は60個以上あることが知られているが、その中で最も大きいイオ、エウロパ、ガニメデ、カリストはガリレオ衛星と呼ばれている。［1613年］

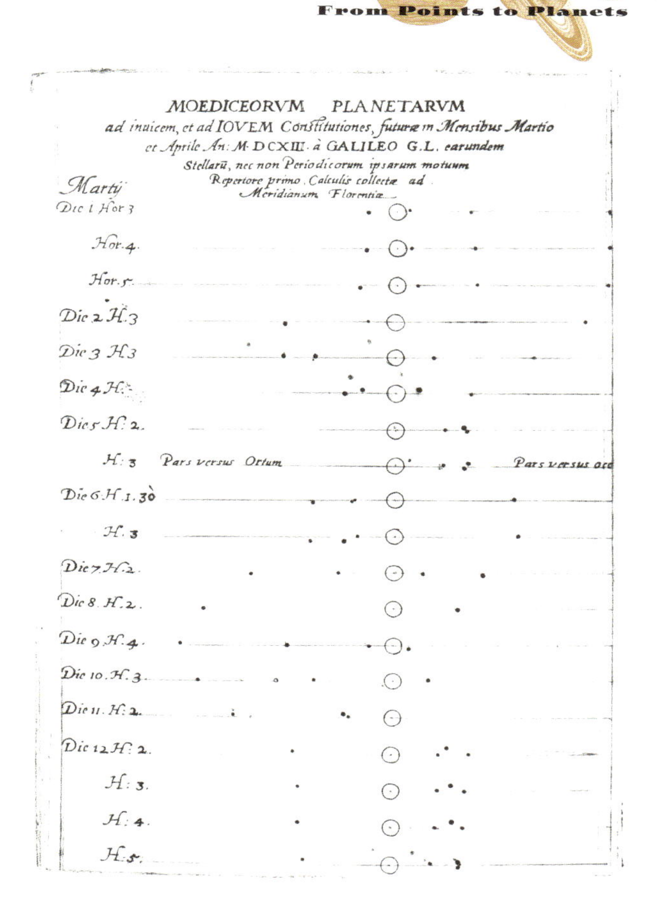

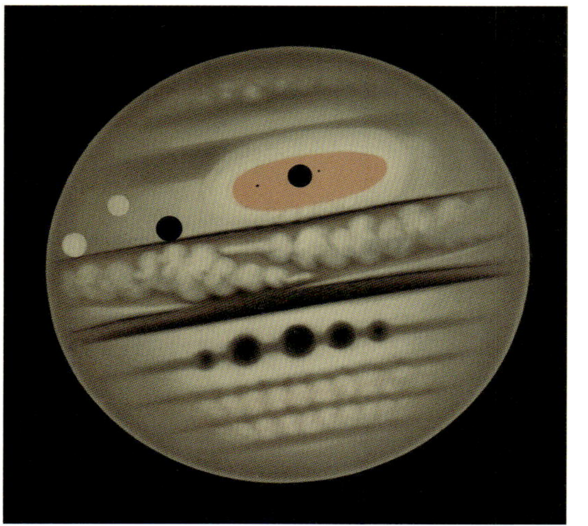

Étienne Trouvelot, Jupiter and Its Moons

エティエンヌ・トルーベロ、木星とその衛星

トルーベロの木星の絵(左)には、大赤斑、雲バンドと呼ばれる雲の帯、そして衛星が描かれている。デザインされてはいるものの、木星の特徴は明らかで、当時の写真よりはるかにきれいに仕上がっている。黒と白の点は木星の前を通過する衛星を表している。この図とは対照的に、1879年に撮影された木星の写真(右)は粗く、赤道帯と大赤斑が黒く映っているだけだ。［1880年］

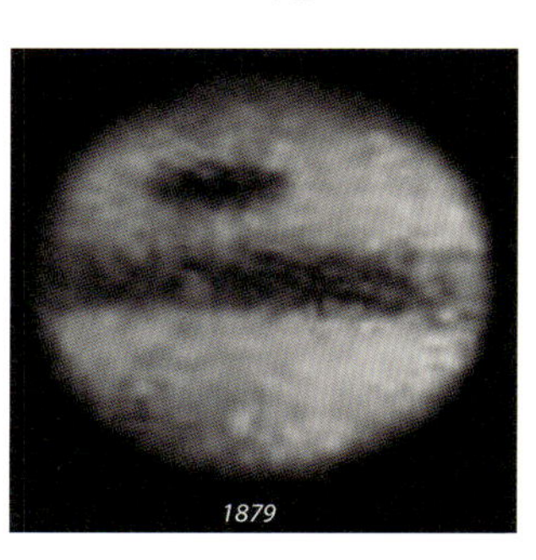
1879

Damian Peach, Jupiter's Great Red Spot

ダミアン・ピーチ、木星の大赤斑

木星の最も目につく特徴である大赤斑に初めて言及したのは、1664年のロバート・フック、もしくは1665年のジョバンニ・カッシーニの記録だとされている（フックの記録は、北半球にある斑点の可能性がある）。

大赤斑の正体は、地球2つがすっぽり収まるほどの巨大な嵐だ。その風速は、秒速178メートル（時速643キロメートル）に及ぶ。大赤斑は1713年

まで何度も観測されていたが、その後1830年まで118年間姿を消していた。つまり、現在我々が目にしている大赤斑は、かつて目撃されていたものとは異なるかもしれない。

上の画像は、1890年と2015年で大赤斑がどのように変化したのかを示すものだ。左はアマチュア天文学者のダミアン・ピーチが、1890年に米国のリック天文台で撮影された写真をもとに、木星の特徴を計測するよう設計されたソフトウェアを使って作成した。当時の大赤斑の幅は4万キロメートル。現在の約2倍だ。なお、2000年には、3つの小さな嵐が合体して新たな斑点ができた。最初は白かったが、現在は赤みを帯びてきている。こういった斑点や帯を追跡して図に残せば、木星の気象システムについて理解を深められるはずだ。

［1890年及び2015年］

Cassini, Polar Maps of Jupiter

カッシーニ、木星の極

この2枚には、木星の全体が映っている。上の画像は北極から赤道まで、下の画像は南極から赤道までの木星の姿だ。このガス惑星の厚い外層を形成しているのは、雲の層、渦、色付きガスの帯などだ。南半球には大赤斑が見える。まるで赤黒い雲の帯からこぶが突き出ているかのようだ。

［2000年］

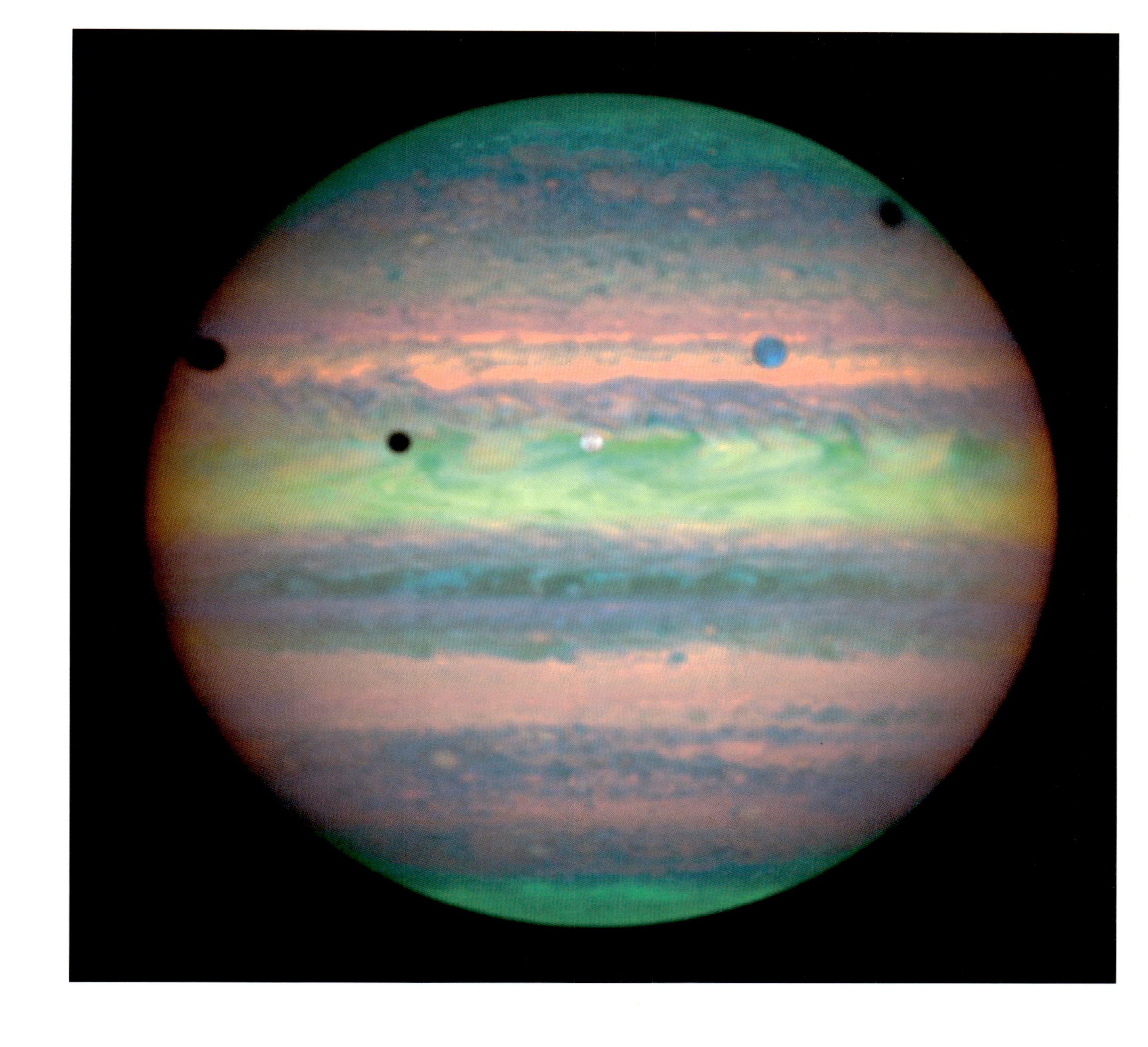

NASA, Triple Eclipse of Jupiter

NASA、木星の3衛星による食

ハッブル宇宙望遠鏡が2004年に撮影した木星画像を着色したもので、映っているのは木星の三重食だ。木星に影を落とす3つの衛星は、左からガニメデ、イオ、カリスト。そのうち2つは中央部に姿が見える。白い方がイオ、青い方がガニメデだ。［2004年］

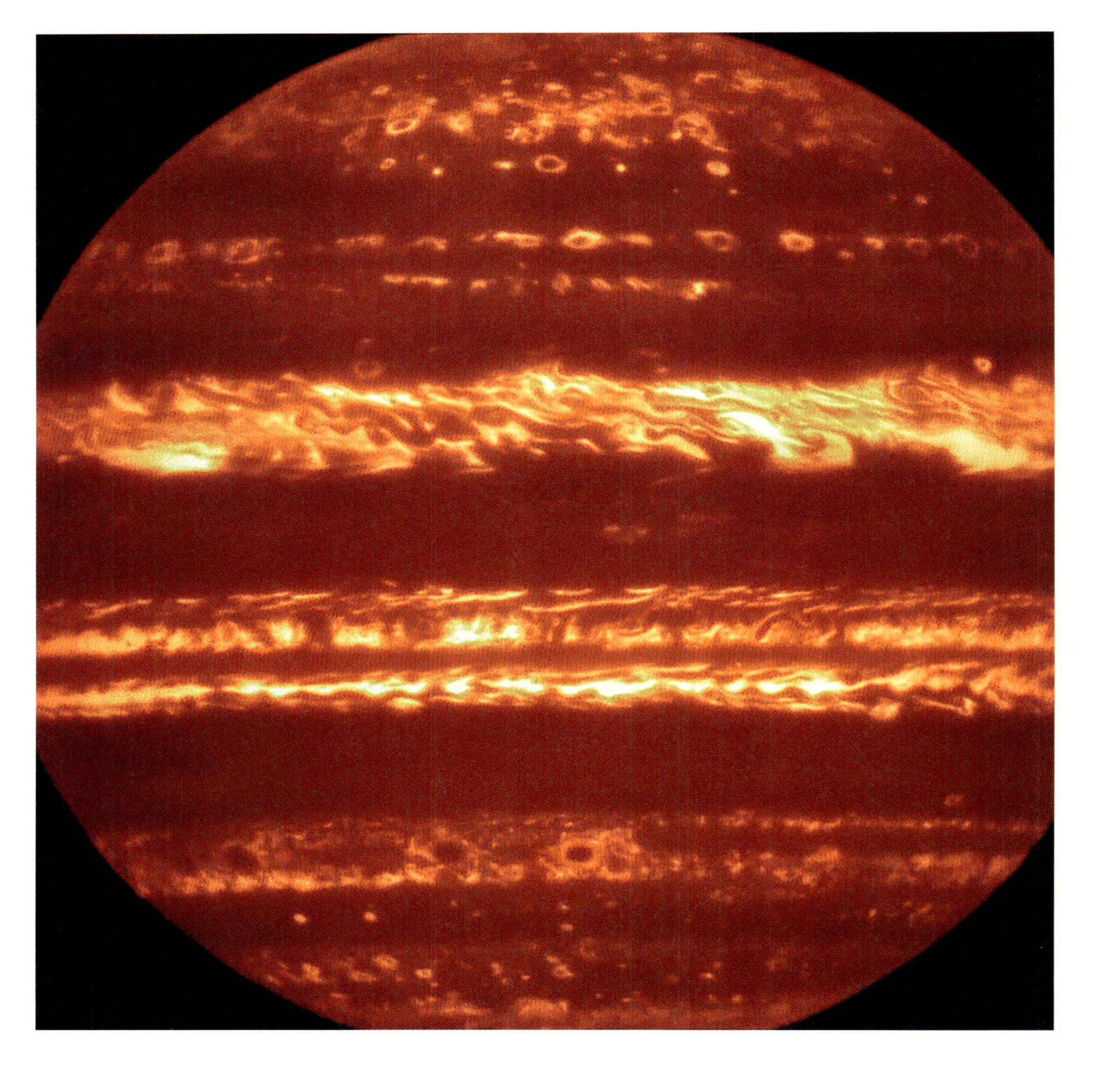

ESO, Jupiter IR

ヨーロッパ南天天文台、木星の赤外線画像

この画像は、木星の温度を表している。温度が低い部分は暗い赤、高い部分は黄色や白で示されている。ヨーロッパ南天天文台（ESO）が所有する超大型望遠鏡（VLT）の赤外線撮像装置で撮影した画像の中から質のよいものを選び、それを組み合わせてヒートマップにしたものだ。［2016年］

Juno, South Pole of Jupiter

探査機ジュノー、木星の南極

NASAの探査機ジュノーは、2016年に木星の周回軌道に到達し、本格的に木星とその衛星に関する調査が始まった。木星の大気を通り抜けられる計測装置を使って内部を調査し、その強力な電磁場を記録している。下の画像は、木星の南極で渦巻く嵐をとらえたものだ。ジュノーは、それまで知られていなかった帯状のアンモニアが存在することを検知した。少なくとも320キロメートル下から上昇してきたものと考えられている。また、計測の結果、木星には岩石などの固形のコアはないと思われることがわかった。しかし、境界が判然としない「ぼんやりとした」コアは存在するかもしれない。

［2017年］

Christiaan Huygens, Saturn's Orbit

クリスチャン・ホイヘンス、土星の軌道

初期の望遠鏡を通して見た土星は、天文学者を戸惑わせた。初めは耳のような膨らみがあるように見えたが、やがてそれは移動して姿を消し、再び姿を現したのだ。1610年、ガリレオは次のように

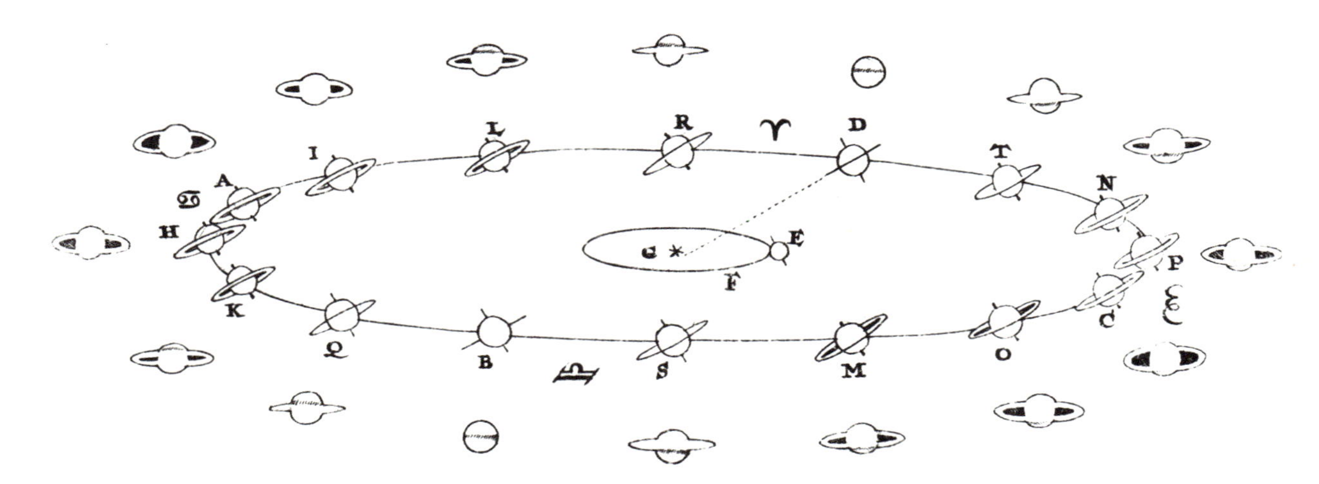

記している。「土星は単一の星ではなく、3つの星から成っている。3つの星はお互いに接触しそうなほど近くにあるが、移動したり相対的な位置を変えることはなく、黄道十二宮に沿って並んでいる。中央の星は両脇の星の3倍の大きさで、『oOo』のような配置になっている」

3つの星が動かないというのは誤りだった。彼自身が1612年に報告しているように、「耳」が消えたからだ。1659年に、オランダ人天文学者クリスチャン・ホイヘンスがこの謎を解く。彼の著書『土星の体系』には、土星は薄く平らな環に囲まれていると記されている。ホイヘンスは、土星とその最大の衛星タイタン（これを発見したのもホイヘンスだった）の軌道を観測し、地球との位置関係によって土星の外見がどのように変化するかを解き明かした。

［1659年］

NASA, Saturn's Rings

NASA、土星の環

この土星の環（リング）の画像は、ボイジャー2号が撮影した写真から作成された。環の組成や特性の違いを強調するために着色されている。実際の環にも色が見えるが、これほど鮮やかではない。色の原因は、環を構成している氷の不純物や、氷の結晶構造の損傷のせいだとされている。環は200メートル以下の厚みしかないと見られ、この画像の上下の辺の長さは約6万8000キロメートルに相当する。

［2004年］

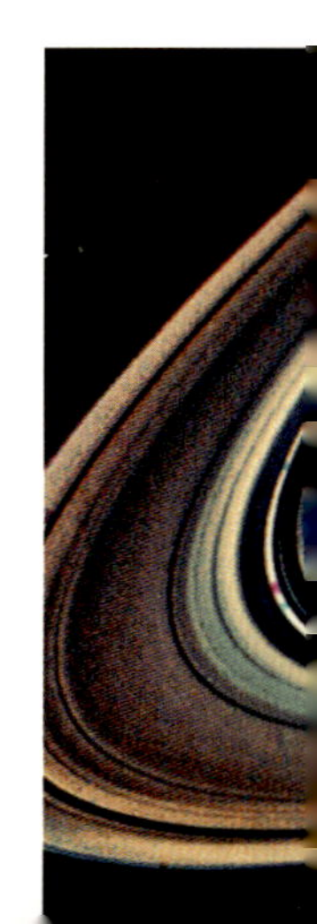

カッシーニ、土星の北極

土星の北極の特徴は、六角形という変わった形でジェット気流が常に存在していることだ。北極の上空、ちょうど極の中心に当たる場所で、地球の平均的なハリケーンの50倍以上の勢力を持つハリケーンが居座っており、台風の目に相当するものもある。赤っぽい卵形の部分は小さな渦を示している。画像の下部に見える巨大な白い渦は、直径3500キロメートルの巨大ハリケーンだ。六角形の渦と巨大ハリケーンは反時計回りだが、内部にある一部の渦は時計回りに回転している。六角形の渦の幅は地球の倍ほどあり、ジェット気流の風速は秒速98メートル（時速350キロメートル）に及ぶ。この2枚の画像は、カッシーニ探査機による。

土星は巨大ガス惑星で、その地形はすべて気象次第だ。つまり、どんな地図であろうと一瞬の状態しか表すことはできない。ただし、地球のハリケーンの勢力はせいぜい1週間ほどだが、土星の六角形の渦は少なくとも数十年、もしくはそれ以上の間、勢力を保っている。この渦は1981年に、ボイジャー探査機によって初めて観測された。

［2012年］

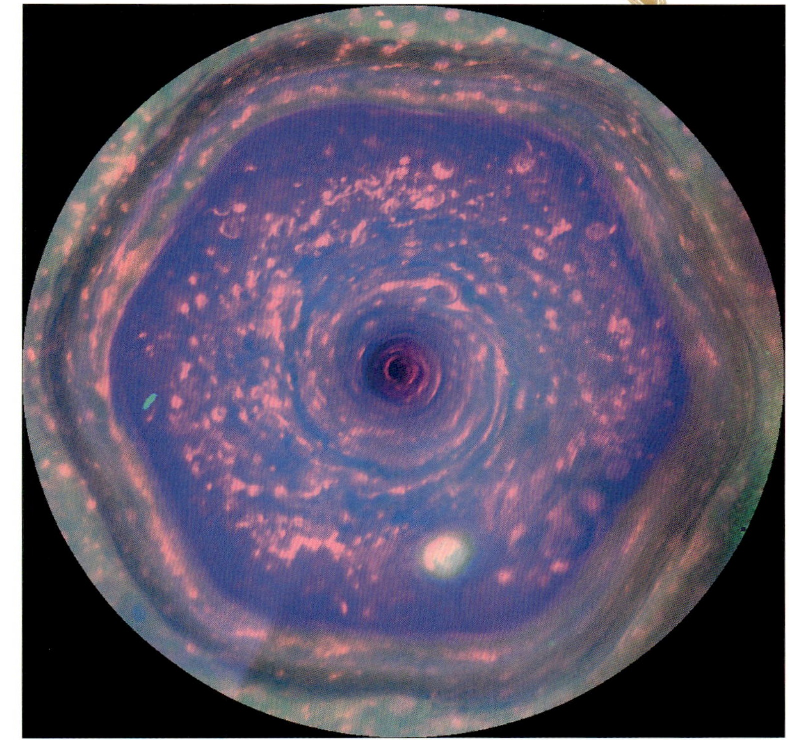

NASA, Saturn, Northern Hemisphere

NASA、土星の北半球

上の合成画像は、2016年に探査機カッシーニが、夏至が近づく土星の北半球を撮影したものだ。土星の1年は地球の30年に相当する。カッシーニは土星時間の半年近くにわたって観測を続け、著しく変化する外見を記録しつづけてきた。この画像のもとになった写真は、土星から約300万キロメートルの地点で撮影された。 ［2016年］

NASA, Titan

NASA、タイタン

土星最大の衛星タイタンは、太陽系で2番目に大きい衛星で、地球を除くと、表面に液体の海をたたえた唯一の天体だ。ただしこの海は、液体メタンの海だ。右上の写真で左上に見える明るい場所は「サングリント」という、太陽光の海面反射で、カッシーニのカメラがうまく捉えた。

タイタンの丘や山の一部には、ガンダルフ、アルウェン、ビルボ・バギンズ、滅びの山など、J・R・R・トールキンの『指輪物語』にちなんだ名前がつけられている。 ［2014年］

Voyager 2, Uranus

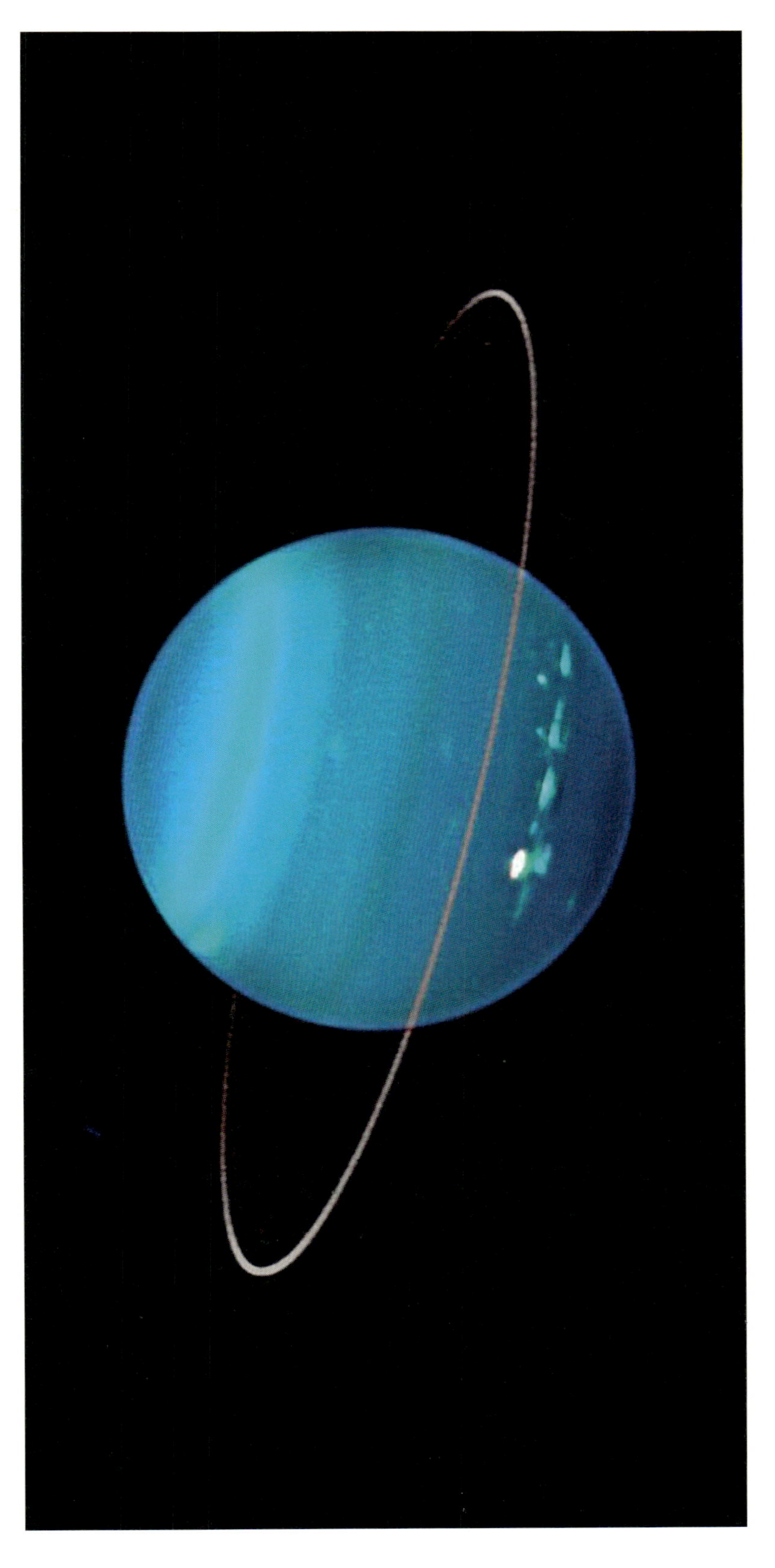

ボイジャー2号、天王星

1781年、ウィリアム・ハーシェルが天王星を発見した。天王星は望遠鏡を使って発見された最初の惑星で、1783年に惑星と認定された。怠け者の地図製作者にとって、天王星の地図作りは夢のような仕事だろう。1986年にボイジャー2号が撮影した写真では、青白く何の特徴もない円盤のようで、他の巨大ガス惑星とは異なり、嵐も雲もない氷の塊のように見えた。

ところが、天王星は、当初思われていたようにまったく何の特徴もない惑星ではなかった。雲の帯が見えることもあれば、極地の明るさも変わる。季節のせいでこうした大気の変化が起こるのかもしれないが、天王星の1年（地球の84年に相当する）を通した詳細な観測はまだ行われていないため、現段階で結論を出すのは時期尚早だ。2006年にハッブル宇宙望遠鏡が撮影した画像には、雲がはっきり映っており、かすかな環があることも判明した。年の経過とともに、他のガス惑星と似てきている。かすかな環が13本、小さな衛星が27個見つかっている。奇妙なことに、天王星は「横向きの惑星」で、自転軸が南北ではなく東西方向を向いている。このような惑星は太陽系で天王星だけだ。［1986年］

James Glaisher, Discovery of Neptune

ジェームズ・グレイシャー、海王星の発見

海王星は、発見以前にその存在が予想されていた初の惑星だ。フランス人天文学者ユルバン・ル・ベリエと英国人天文学者ジョン・クーチ・アダムスがそれぞれ天王星の軌道の摂動から未知の惑星の位置を予測していた。1846年9月23日、ベルリン天文台でヨハン・ゴットフリート・ガレがこの新しい惑星を発見した。右の図が作られたとき、この惑星にはまだ名前がついていなかった。図のみずがめ座の領域には、発見時とその一週間後の海王星の位置が記されている（左から3マス、上から2マス目を参照）。この地図は、英国人気象学者ジェームズ・グレイシャーによる解説とともに、イラストレイテッド・ロンドン・ニュース紙に掲載された。

［1846年］

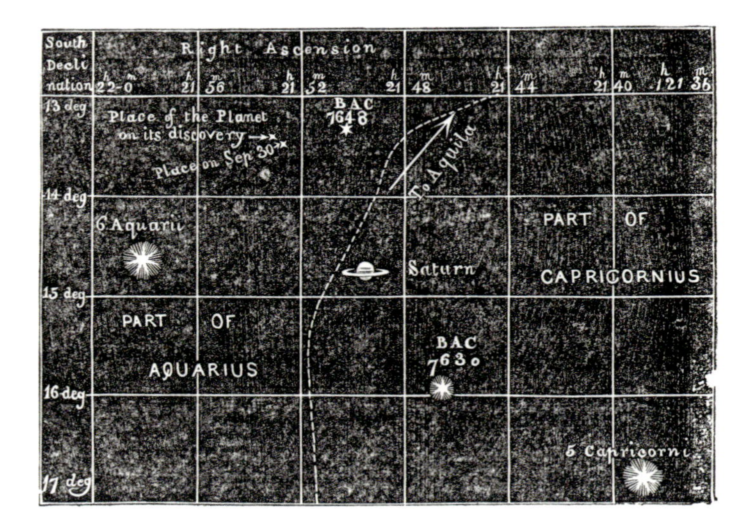

Voyager 2, Neptune, Southern Hemisphere

ボイジャー2号、海王星の南半球

他の巨大ガス惑星と同じく、海王星も特徴と呼べるのは大気くらいなもので、外見は常に変化している。大気の主成分は水素とヘリウムで、大規模な嵐が吹き荒れている。写真の左側に見える斑点は地球規模のサイズの嵐の渦だ。海王星では、太陽系で最も猛烈な風が吹き荒れ、最大で秒速580メートル（時速2100キロメートル）にもなる。地球上で記録された最大風速のじつに9倍に当たる。明るく見える部分は、大気が凝結したメタンの雲で、56キロメートルほど下にある別の雲に影を落としているため、雲は層状になっていると考えられる。

［1989年］

Voyager 2, Triton

ボイジャー2号、トリトン

海王星の衛星トリトンの画像は、1989年にボイジャー2号が上空を通過した際に撮影した合成写真だ。現在まで海王星やその衛星に接近した探査機は、このボイジャー2号のみだ。トリトンの表面は窒素の雪に覆われている。マイナス236度という表面温度は太陽系の星の中で最も低く、窒素が大半を占める大気も凍っている。ピンク色に見える部分は南極の極冠だ。メタンの氷が含まれており、太陽の光の加減で赤っぽく見える化合物が形成されている可能性がある。赤道付近に広がる帯状の部分は、比較的新しい時期に形成された氷だと考えられている。氷火山の活動と氷の噴火は現在も続いている。［1989年］

Hubble Space Telescope, Neptune

ハッブル宇宙望遠鏡、海王星

1996年にハッブル宇宙望遠鏡がさまざまな波長の光で撮影した画像から、海王星の大気の組成が明らかになった。全体が青く見えるのはメタンの影響だ。この層の上には白い雲があり、さらに上層にある雲は黄赤色をしている。赤道付近の強力なジェット気流は、濃い青色の帯のように見える。南側の緑色に見える帯状の大気の組成は、他とは異なっているに違いない。青い光が吸収されて緑色をしているのだが、まだ十分には解明されていない。［1996年］

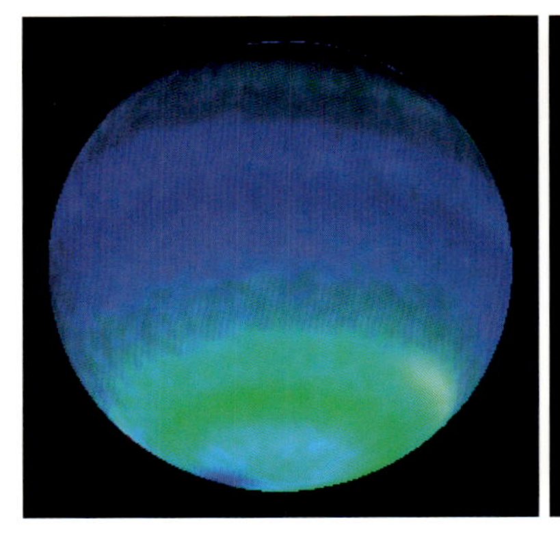

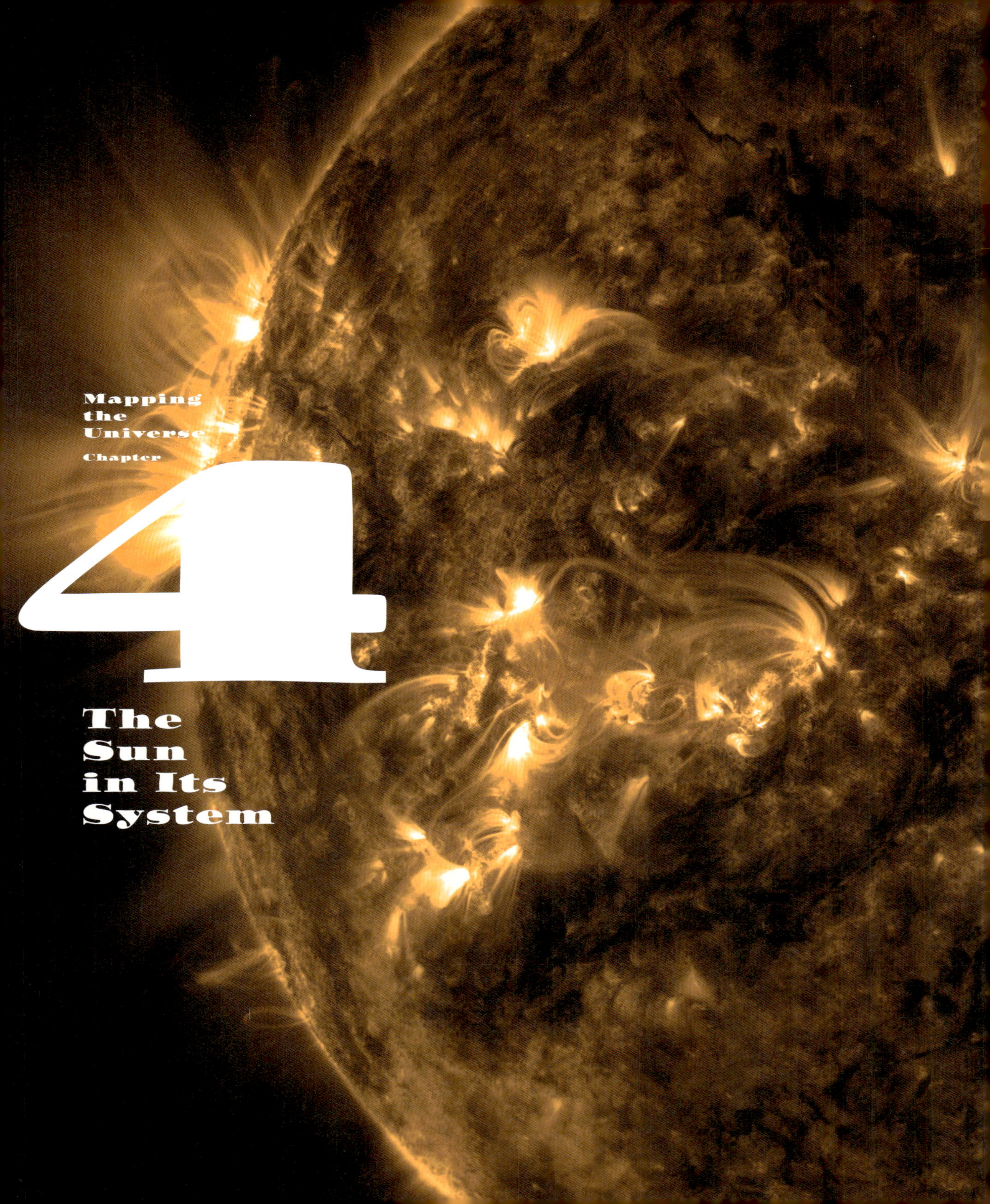

Mapping the Universe

Chapter

4

The Sun in Its System

太陽系の主

最も身近な恒星

無数にある星々と太陽との間に違いなどないのではないかという提言は、古代ギリシャ時代から途切れながらも続いてきたが、広く受け入れられることはなかった。キリスト教下のヨーロッパでは、神が人間に与えたもうた宇宙という見解とは相容れなかったようだ。しかし、16世紀末頃には、神の秩序に基づく人類中心の不変の宇宙像は支持を失っていっていた。

太陽の表面上の明るい点や曲線は活動領域を示しているが、これは一過性の現象にすぎない。太陽の表面は常に変化しつづけているため、恒久的な地図を作るのは不可能だ。

1577年の大彗星の観測。彗星が雲の下方に描かれているのは、彗星は地球の大気圏で起きる現象だとする当時の考え方が反映されている。

変わりゆく宇宙の姿

プトレマイオス、コペルニクス、ティコ・ブラーエらの宇宙体系では、太陽系の星々の関係や階層は理論的に考察されてはいるものの、星間距離、彗星の動き、太陽そのものの性質に関しては触れられていない。コペルニクスの体系がさらに発展していくとともに、とりわけ17世紀初頭にケプラーが改善を加えたおかげで、こうした状況に変化が生じることになる。

1570年代には、珍しい天文学的現象が2度も発生し、宇宙は完璧で不変なものだとする従来からの見解が覆された。次の世紀が始まって間もない1609年には、望遠鏡によって「完璧でない」月の姿が明らかになり、続いて太陽の表面上にも、傷のような黒点があることがわかった。その後数世紀をかけて、宇宙に関しては、科学的なアプローチが従来の方法論を徐々に駆逐していくことになる。

1543年、コペルニクスは『天球の回転について』で新しい太陽系のモデルを示した。2度にわたって混乱をもたらすことになる天文学的現象の最初の出来事が、それから30年とたたないうちに発生する。1572年、突如、異常なほど明るい星が出現したのだ。この「星」は数カ月で姿を消したが、その間に、宇宙は完璧かつ不変だとするアリストテレスの理想像は破壊されてしまった。このとき現れた星は、かなり後になって、星が一生を終えるときに起きる大爆発、超新星だったことが明らかになる。

そのわずか5年後の彗星の出現が次の現象だ。なお、紀元前186年以前の中国で作られた『天文気象雑占』には種類別に彗星の形が描かれ、分類されている。

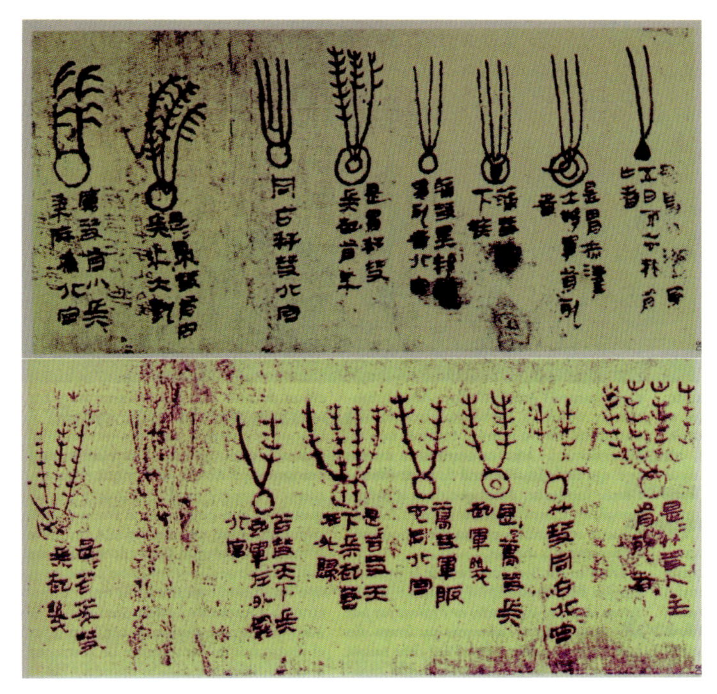

紀元前186年以前に作られた『天文気象雑占』。中国の天文学者が識別した彗星が種類別に描かれている。

中国の天文学者は何世紀にもわたり、現実に即して彗星を描写しようとしてきたが、ヨーロッパでは、左のような非現実的な空想上のイメージが生み出されてきた。1527年にドイツで目撃された彗星は、3つの星を伴う剣を持つ片腕として表現されている。

長い間、彗星は気象現象であり、地球と月との間に出現するものだと広く信じられていた。アリストテレスの宇宙像では、月がある層が明確な境界線となっている。境界線より下にあるものは、堕落しており変わりうる世界で、境界線より上は完璧で不変な世界であり、円運動しかしない。この体系に組み入れるために、彗星は下の領域、すなわち地球の大気圏内で発生する現象とされた。1577年に出現した彗星は、アリストテレスの宇宙像に真っ向から挑むことになった。

1577年の彗星。16世紀の天文学者ムハンマド・カマラディンの写本より。

ティコ・ブラーエは、視差を用いて彗星までの距離を計測した。これは、2地点で対象物を見た場合に生じる位置のずれを利用した測定方法だ（顔の前に指を立て、片目で左右交互に見れば試すことができる。指の位置が違って見えるはずだ）。視差による測定の結果、彗星は地球と月の距離の4倍以上遠くにあることがわかった。アリストテレスの宇宙像で言えば、固定された不変の天球上に存在することになる。しかし厄介なことに、彗星は固定されているどころか変化する要素だった。

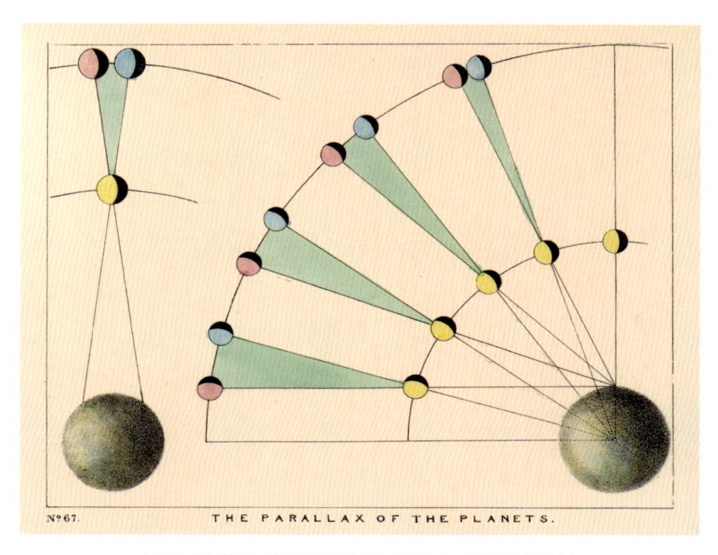

1849年刊行の書籍に掲載されている視差の仕組みの図解（上図）。地上の異なる場所から、月に対する惑星の相対的な位置を測定すると、その見かけ上の位置のずれから、惑星までの距離が計算できる。ずれが小さければ惑星は遠くにある。恒星の場合、このずれが非常に小さいため、視差を利用した距離の算出は最近までできなかった。

望遠鏡が活用されるようになると、太陽表面の黒点は、はっきりと黒い斑点として見えるようになる。じつは黒点は、中国では紀元前800年に、ヨーロッパでも紀元前300年には観測されていた。当時、ヨーロッパでは、この現象は、惑星が太陽の前を通過するせいだと考えられていた。17世紀になると、ヨーロッパの天文学者たちは、黒点を新たな発見だと考えるようになった。これが完璧な宇宙という概念に再び打撃を与えることになった。

1128年に書かれた『ウースターのジョンの年代記』は、太陽の黒点が登場する最初期のものだと考えられている。

Lambert de Saint-Omer, The 'Mundane Year', Liber Floridus

サントメールのランベール、「宇宙年」の説明、『花の書』より

この図は、サントメールのランベールによる百科事典『花の書』の15世紀の写本に掲載されている。太陽、月、惑星が一直線上に並んだ配置は、5世紀の古代ローマの哲学者マクロビウスが言及した「宇宙年」を説明している。宇宙年とは、恒星を含むすべての天体が出発点に戻るまでに要する時間のことだ。それは地球を中心としたプトレマイオスの宇宙観に基づき、1万5000年とされている。『花の書』で算出された宇宙年の長さは1万6416年である。ランベールはこの数値を充分妥当だと考えたようだ。紙面を節約しようと思ったのか、図には5種類の月の満ち欠けと、下部に、それぞれの満ち欠けの時に月をどう照らしているかを示す太陽がもう1つ描かれている。左下に赤で書かれた文章は、月が太陽からの光で輝いているという説明だ。［1121年］

Joachinus de Gigantibus, The Sun, Astronomia

ヨアキヌス・デ・ギガンティバス、太陽、『天文学』より

左上の太陽の図は、1478年にクリスティアヌス・プロリアヌスが著した『天文学』所収のヨアキヌス・デ・ギガンティバスの挿絵だ。最初に大きな太陽、次の列には（左から右に）火星、月、金星、その下に地球と水星が描かれている。

右上の図は、土星と木星を示している。ただし、この２つの図の大きさは正確ではない。実際の火星は地球より小さく、月は図よりもっと小さい。土星と木星は大きいとはいえ、太陽に匹敵するほど大きくはない。 ［1478年］

DE COMETA ANNI 1577. 191

motui coniunctus fuisset, in infima Orbis sui parte & Terris pro-
xima constitutꝰ assumatur, atq; hinc per consequentiā Signorum,
aliter quàm in Venere & Mercurio viuuenit, versus eiusdē Orbis
Apogæum perrexisse, centro huiꝰ reuolutionis Solis simplici mo-
tui perpetuò concurrente, admittatur. Quæ omnia vt rectiùs perci-
piantur, nunc orbiū huc aliquid facientiū oportunā dispositionem
oculis subijciemus.

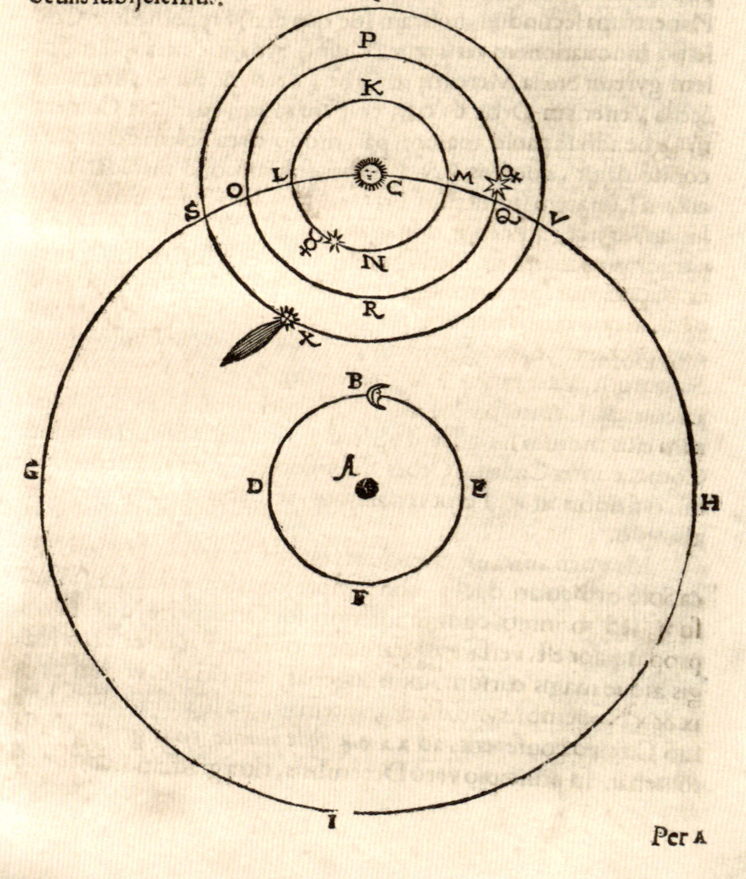

Tycho Brahe, Comet

ティコ・ブラーエ、彗星

1577年に描かれたティコ・ブラーエの彗星の図は、1588年に出版された『天界の新現象』に掲載されている。金星と水星が太陽(C)の周りを回り、太陽が地球(A)の周りを回るという説に沿って描かれており、新しく現れた彗星(X)は、水星と金星の外側の軌道で太陽を回るとされている。彗星を観測してみると、他の惑星や太陽よりは地球に近い位置にあったが、それでも月よりは遠かった。

ティコは、視差を使って彗星が月より遠くにあることを突き止め、アリストテレス及びプトレマイオスの宇宙像に疑問を投げかけた。しかし彼は、彗星は太陽の周りを回るとしており、月の向こう側では完璧な円運動が行われているというアリストテレスの前提は崩さなかった。 ［1577年］

Johannes Kepler, Geometry of the Solar System

ヨハネス・ケプラー、太陽系の構造

ヨハネス・ケプラーは、1596年刊行の『宇宙の神秘』で初めて、太陽系についての自説を記している。そこでは、コペルニクスの太陽系について距離と比率を検討した結果が説明されている。これはケプラー自身が発見したもので、惑星の軌道は入れ子になった立体を使って数学的に定義できるとする興味深いモデルだ。ケプラーの説は、初めてコペルニクスの歴史的理論が事実であると明確に謳ったものだった。

ケプラーが発見したのは、プラトンの立体と呼ばれる5つの正多面体を正しい順序で入れ子状に配置し、それぞれの間にぴったり内接もしくは外接する球体を描けば、この6つの球体の相対的な大きさは6つの既知の惑星の軌道と一致するということだ。その順番とは、太陽から外側に向かって正八面体、正二十面体、正十二面体、正四面体、立方体となる。このモデルが観測データと一致しなかったため、ケプラーの師であるミヒャエル・メストリンは、ティコ・ブラーエに手紙を書いて質の高い情報の提供を求めた。その結果、ケプラーはブラーエと協力し合うようになり、後にそのデータを使って惑星の楕円軌道を発見することになる。 ［1596年］

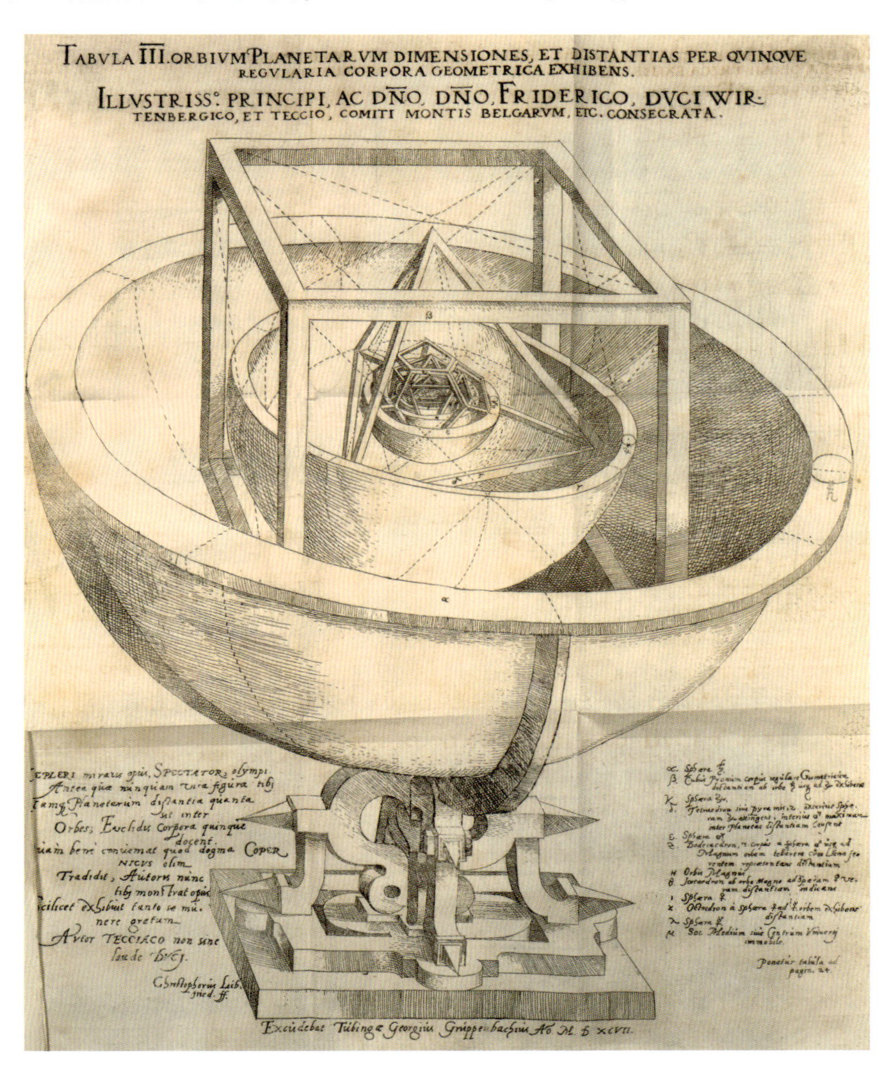

Christoph Scheiner, Sunspots

クリストフ・シャイナー、太陽の黒点

この図は、ドイツ人でイエズス会士の科学者クリストフ・シャイナー（1573～1650年）の観測に基づいている。シャイナーは、1611年に太陽の黒点を発見し、黒点をめぐってガリレオと論争したことで知られている。完璧な宇宙モデルの支持者だったシャイナーは、黒点を天体が水星の軌道内を通過する際に太陽に落とす影であるとし、その存在を否定しようとした。しかし、後に見解を変えざるを得なくなり、暗黙のうちに太陽の不完全さを受け入れることになる（黒点の存在は古代中国の天文学者の間ではすでに知られており、さらに時代が下ってからも、シャイナーやガリレオに先駆けて、トーマス・ハリオットやダビドとヨハネスのファブリシウス父子が黒点を観測している）。

この元図は、アタナシウス・キルヒャーが1664～1665年にかけて出版した、地球の地質学に関する研究書『地下世界』に掲載されている。図中の文字は太陽の自転軸、赤道、北極と南極、中央赤道地域、黒点（A）を示している。煙が吹き出しているように見える部分は、プロミネンス（紅炎）やフレアだろう。黒点は変化するため、それをこのように図示したところで太陽の活動の一瞬をとらえたものにしかならない。　［1635年］

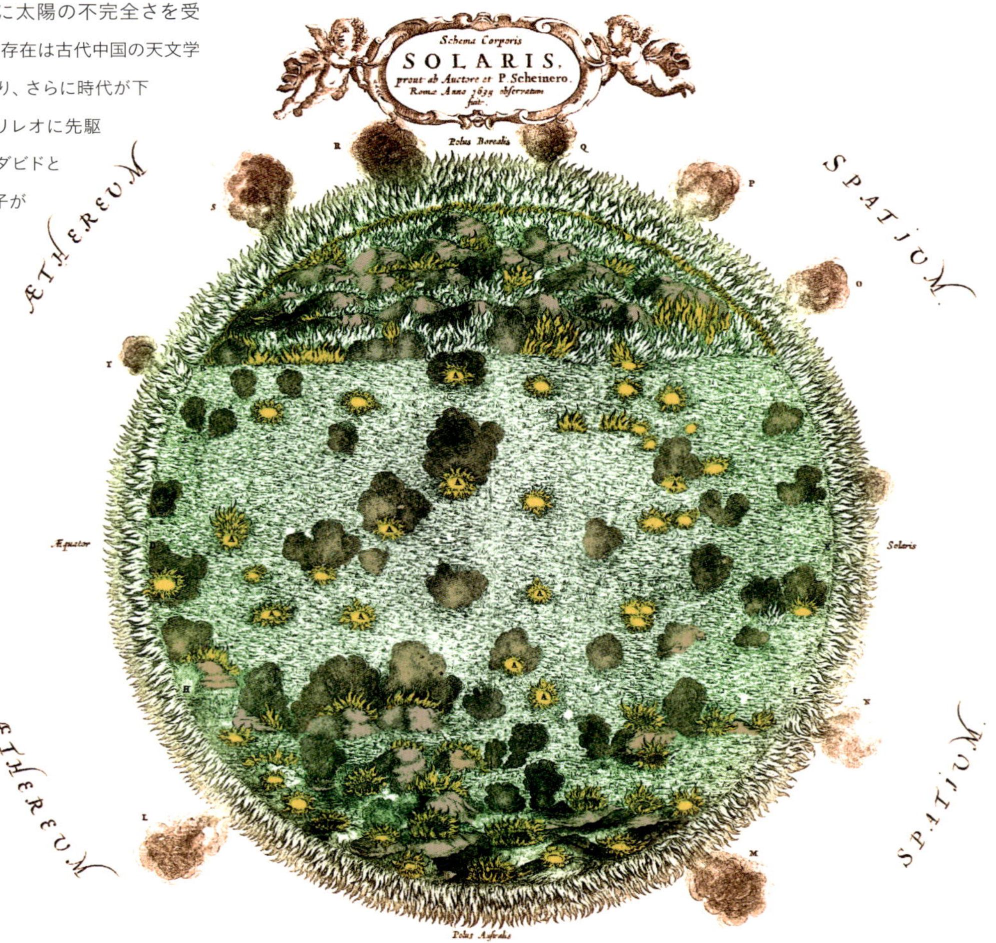

René Descartes, Stellar Vortices

ルネ・デカルト、星の渦

フランスの哲学者ルネ・デカルトは、1644年に著した『哲学原理』に宇宙の組成理論を記している。デカルトが信じていたのは、宇宙は物質で満たされており、真空は存在しないということだ。デカルトによれば、物質は星を中心として渦を巻いている。惑星は渦にとらえられているため、永遠に星の周りを回りつづける。渦同士は互いにぴったりと接している。太陽は無数にある星の1つで、太陽系の惑星は太陽を中心とする渦にとらえられている。このような星の渦には、それぞれの惑星系が存在する可能性がある。以上がデカルトの宇宙モデルだ。

図からわかるように、渦の方向はそれぞれ異なっており、物質はそれぞれの渦の極から極に向かって動く。このページの面に対して垂直方向に流れているものもあれば、正面を向いていて完全な形の円が見えるものもある。［1644年］

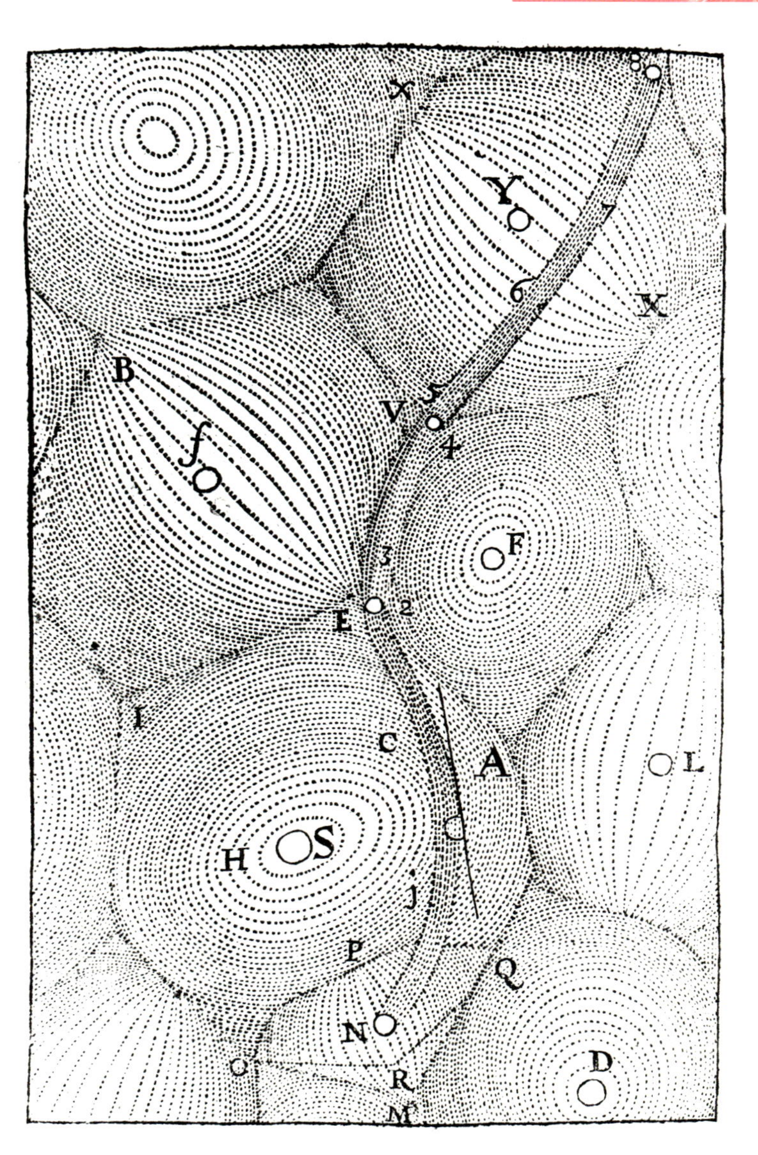

Leonhard Euler, Solar System and Comets

レオンハルト・オイラー、太陽系と彗星

スイスの数学者レオンハルト・オイラーは、惑星の軌道を正確に計算するなど、天文学を数学的に解き明かした人物だ。この図は、『惑星と彗星の運動理論』に掲載されたもので、銀河にある複数の太陽系の1つとして我々の太陽系が描かれている。木星と土星を周回する衛星や、放物線軌道で太陽の周りを回る彗星が描かれている。［1744年］

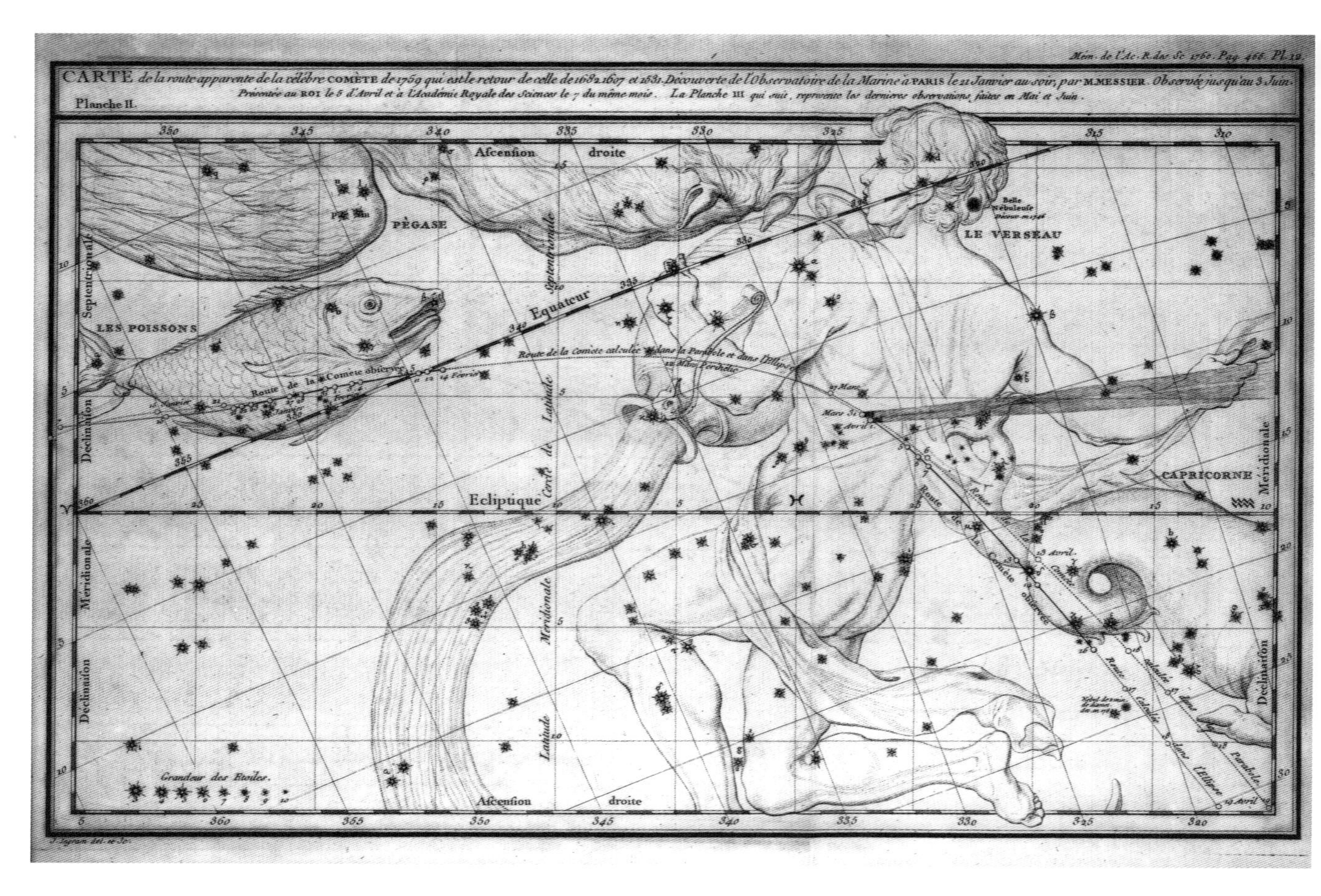

Charles Messier, The Path of a Comet

シャルル・メシエ、彗星の軌道

　フランス人天文学者シャルル・メシエは、彗星の軌道を記録し、できるだけ多くの彗星を発見しようと努めた。ここに示した図は、1758年に飛来したハレー彗星（1P/1758 Y1）の軌道を描いたものだ。メシエはこうした彗星の図を数多く作ることで、最新の星図を提供することとなった。

　メシエは「星雲状の天体」（ぼんやりとした光の雲のように見えるもの）の便覧も作成した。彗星は動くが、星雲状天体は動かないため、この星雲状天体の位置を特定しておけば、彗星探索の際に彗星と見誤ることはないと考えたのだ。ボーデ彗星（C/1779 A1）の軌道を描いたものには、星雲状天体やおとめ座超銀河団（天の川銀河が含まれる）を構成する銀河が描かれている。そこには、当時まだ発見されていなかった小惑星パラスも記されている。小惑星の観測結果が記録されたのは、このころが初めてだ。

［1781年］

Étienne Trouvelot, Solar Flares

エティエンヌ・トルーベロ、太陽のフレア

美しい月の絵（P.62参照）を描いた画家のエティエンヌ・トルーベロは、太陽も観測している。トルーベロが描くプロミネンス（紅炎）は、太陽によく見られる一瞬の特徴をとらえている。フレアは、太陽の表面から吹き上がり、電磁スペクトルのほぼすべての領域にわたるエネルギーを放出する。1859年にフレアを初めて観測したのは、英国人天文学者リチャード・キャリントンだ。その際に使われたのは、広帯域フィルタを通して光学望遠鏡の像を投影するという手法だった。太陽のフレアは、地球の7倍の大きさになることもある。

トルーベロは、太陽の表面にある灰色の部分を発見し、名前をつけたことでも知られている。これは消えた黒点や現れつつある黒点で、極付近や中央部にできることが多い。同じような特徴は、「ウィスプ」と呼ばれる灰色の長くぼんやりした流れにも見られる。　［1882年］

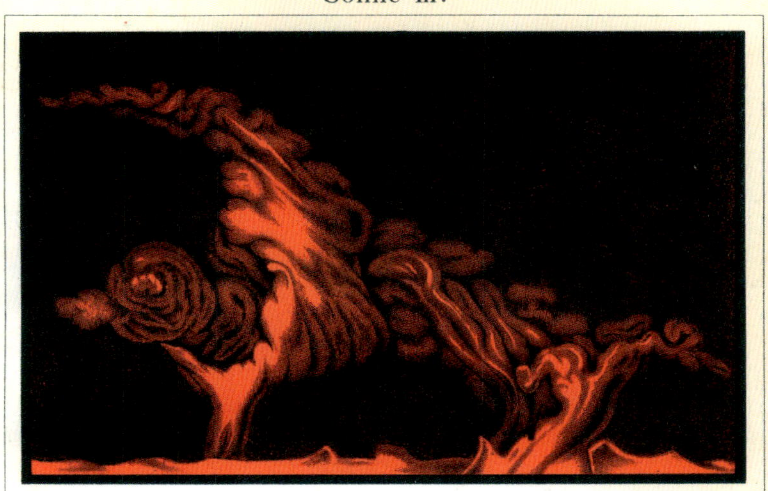

1. Protuberanzen, beobachtet von Trouvelot 15. April 1872.

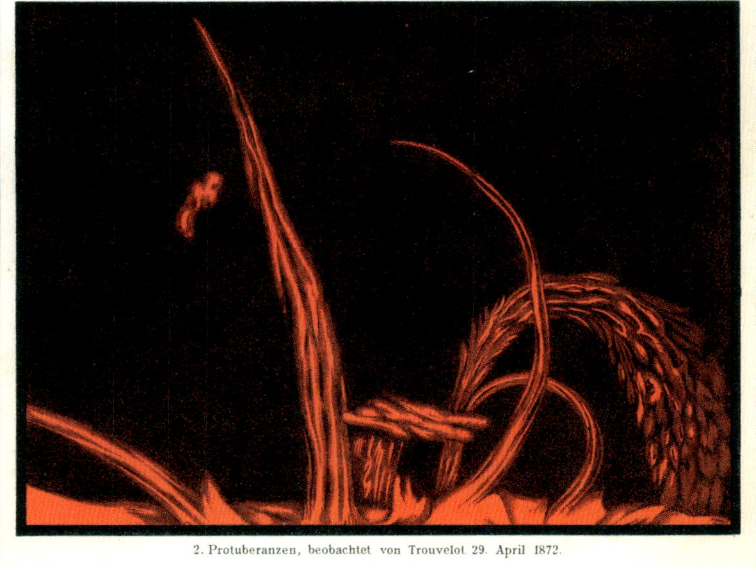

2. Protuberanzen, beobachtet von Trouvelot 29. April 1872.

Meyers Konv.-Lexikon, 6. Aufl.　Bibliograph. Institut, Leipzig.　Zum Artikel ‚Sonne'.

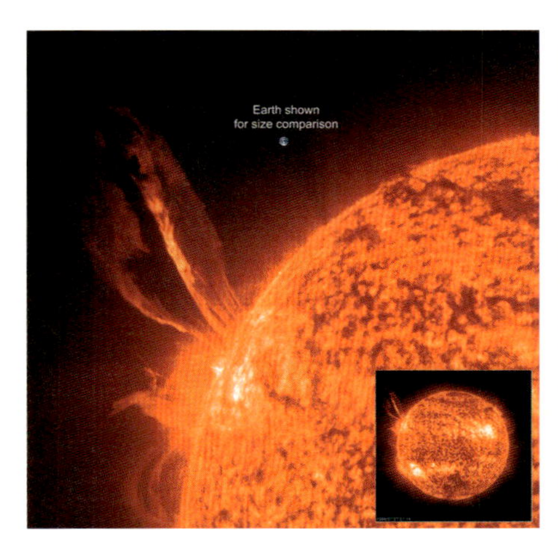

1999年に欧州宇宙機関（ESA）とNASAの太陽探査機SOHOの宇宙望遠鏡が撮影した太陽フレアの写真。地球（比較のために白で示されている）の数倍の大きさで、温度は7万度もあり、表面温度よりもはるかに高温だ。

Spectra of the Sun

太陽のスペクトル

元素が、電磁スペクトルの異なる領域を吸収したり反射したりして、特定のスペクトルを発していることが発見されると、太陽や星の調査に大変革が起こった。この図は、1859年にロベルト・ブンゼンとグスタフ・キルヒホフが測定した太陽（最上段）と数種類の元素の吸収スペクトル及び発光スペクトルを示している。彼らの発見により、太陽光のスペクトルが既知の元素のスペクトルと一致するものがあることが判明し、太陽や星がエーテルのような物質でできているのではなく、地球と同じように化学元素でできていることを示す初めての証拠となった。

太陽の主な構成元素は水素とヘリウムだ。ヘリウムは、1868年に太陽光のスペクトルの特徴から発見された。地球上でヘリウムが発見されるのはその後のことだ。

［1895年］

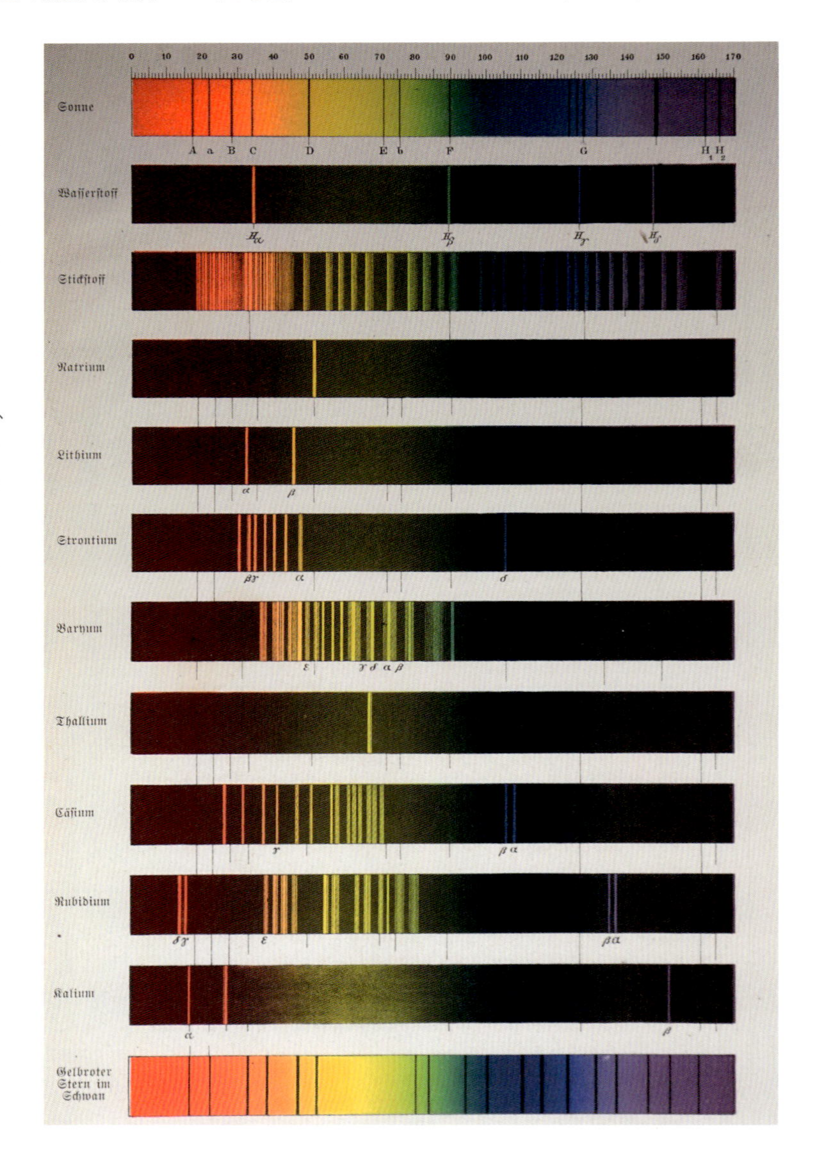

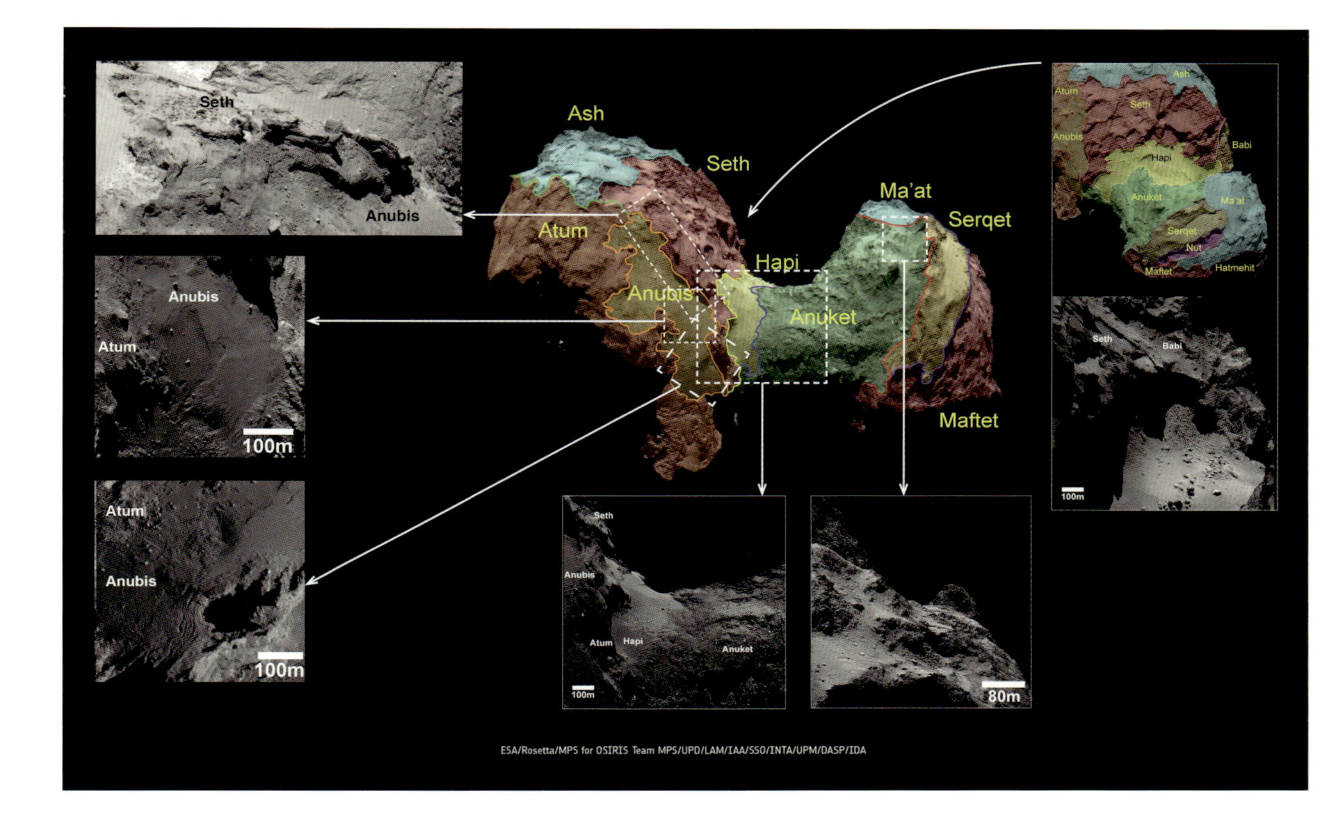

ESA, Comet Churyumov-Gerasimenko

欧州宇宙機関、チュリュモフ・ゲラシメンコ彗星

上のチュリュモフ・ゲラシメンコ彗星（67P）の画像は、欧州宇宙機関（ESA）の探査機ロゼッタが収集した画像やデータから作成したものだ。2004年に打ち上げられた探査機ロゼッタは、彗星の表面や内部調査用の機器と、着陸機フィラエを搭載していた。チュリュモフ・ゲラシメンコ彗星は3.5×4キロほどの大きさで、「首」でつながった２つの塊のような形をしている。彗星の各部には、アヌビス、セト、アトゥム、ハピ、アヌケト、バビ、アシュ、マアト、セルケト、マフテトなど、古代エジプトの神々の名前がつけられている。

通常、地図作りのミッションでは、あらかじめ調査対象を入念に決定するが、ロゼッタ・ミッションでは対象となる彗星が決まらないまま計画された。その結果、フィラエの着陸地点選定に必要な情報を得るために、チュリュモフ・ゲラシメンコ彗星の初期調査と地図作りは短時間で行われることになった。　［2015年］

Mapping
the
Universe

Chapter

Twinkle, Twinkle

明滅する星々

小さな点から遠い太陽へ

天を仰げば、明るさの違う光の点がてんでんばらばらに散らばっているように見える。星々は頭上を覆う半球の表面上に点在していると想像するのは無理もない話で、最初はそう考えられていた。だが、それは真実の姿からはほど遠い。今では、星は3次元空間に広がって存在しており、想像の天井よりも近かったり、気が遠くなるほど遠かったりすることがわかっている。望遠鏡が改良されて、星々は無限の空間のはるか彼方へとさらに遠ざかってしまった。

星を見る人々

何の脈絡もつながりもない点の集まりを地図で表すには、どうすればよいだろう。1つの方法は、点をつなぎあわせて絵を描き、少しでもまとまりを作ることだ。人間の脳は意味のある図形を認識しやすいため、想像や記憶が楽になる。もう1つの方法は、座標系を使用して、星の位置を数学的に特定できるようにすることだ。しかし、この方法は複雑だ。星は夜の間に天の極を中心として回転するため、時間によって位置が変わるからだ。最終的には、この2つを併用することになった。

人類は何千年にもわたって星の並びを絵に見立ててきたが、古代における星座に関する記述は残っていない。ただし、紀元前8世紀頃には、古代ギリシャの詩人ヘシオドスやホメロスが、星々が作り出す図形に言及している。星座についての最古の文献は、紀元前4世紀、古代ギリシャの天文学者エウドクソスによるものと言われている。原典は現存しないが、紀元前275年頃にアラートスが韻文化した叙事詩『現象』で、その内容をうかがい知ることができる(P.22参照)。

紀元前1万7000年頃のフランス、ラスコー洞窟の壁画。ウシの頭の右側にある点は、おうし座のプレアデス星団を示していることがわかっている。

おそらく、古代ギリシャの星群（アステリズム。星座のような星のまとまりを指す）は、紀元前1300〜紀元前1100年頃に始まる古代エジプトやメソポタミアの風習に由来している。古代ギリシャの48星座のうち、20星座はメソポタミアの伝承と共通しており、10星座は同じ星群に別の姿を見立てていて、18星座が新規に定められて古代ギリシャの関心事や神話が取り込まれた。残念ながら、当時の星図は残っていない。メソポタミア北部のアッシリアでは、天文に関する記述が刻まれた粘土板が数多く出土しているが、絵は描かれていない。プトレマイオスも絵を残していない。最も古い古代ギリシャの星座の絵は、巨人アトラスの大理石像が担いでいる天球儀に刻まれている（P.135参照）。

星座は、星を探したり特定したりする方法の1つだ。「オリオンのベルトの真ん中の星」と聞けば、簡単に見つけられる。しかし、850個の星を記録したギリシャ人天文学者ヒッパルコスは、別の方法をとった。黄道を中心とする天の緯度経度に基づく座標系を使用したのだ。

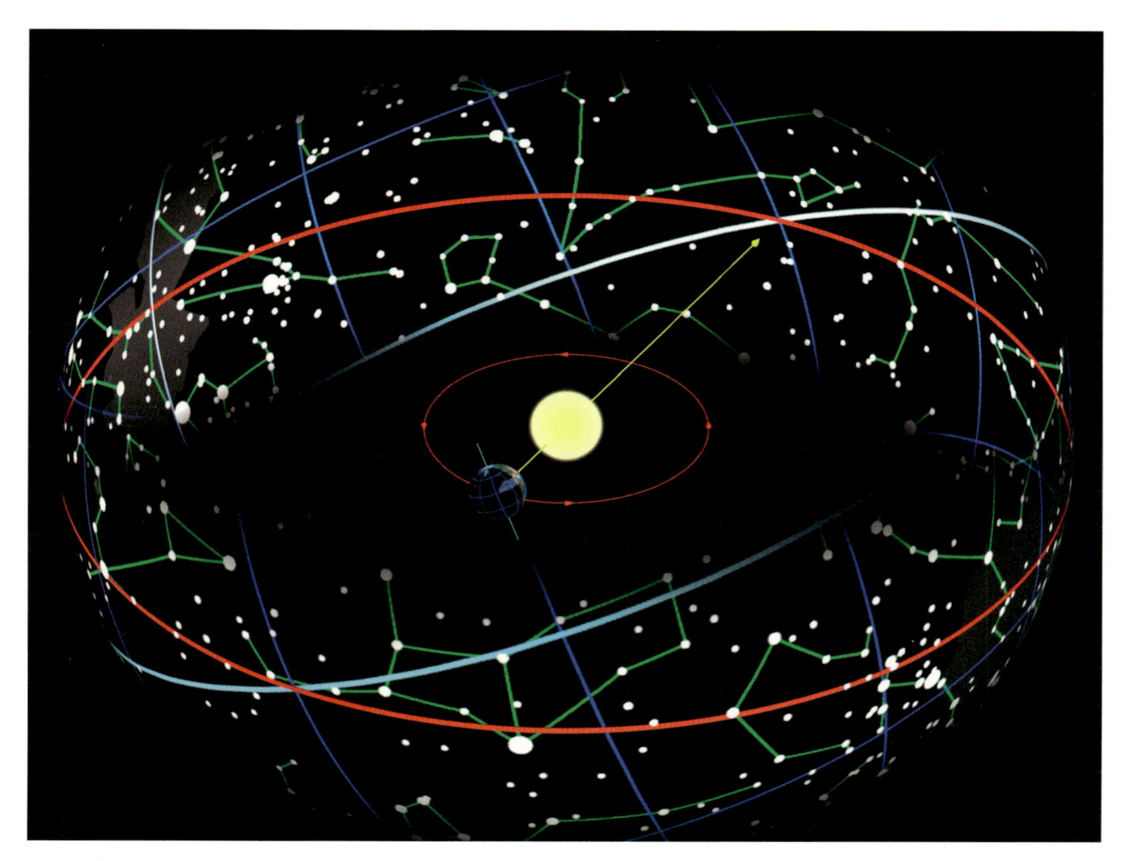

黄道とは背景となる星に対する太陽の見かけ上の通り道のことだ。黄道に沿って並んでいる星座は、黄道十二宮と呼ばれる。

古代ギリシャの学者たちの業績は、古代ギリシャから、ローマ帝国に支配されたエジプトを経て、イスラム文化に引き継がれた。641年に、エジプトの都市アレキサンドリアがイスラム教徒に征服されると、古代ギリシャの文献がアラビア語に翻訳され、星座も既存のアラブの星座に統合されていった。

アラブの星座は、遊牧民の伝承に基づき、たくさんの星を用いて絵を作り出すのではなく、個々の星や小集団に名前をつける傾向がある。ほとんどの星には、人名や家畜や身近な動物の名前がつけられていたが、物の名がついた小さな星座もある。イスラムの天文学者たちは空を再調査し、新たに星図を作り直した。その課程で、プトレマイオスが定めた星座の名の多くが変更された。現在でも、アラビア語の名前がついた星が残っている。例えば、アルデバランは、「従者」を意味するアッ=ダバラーンの短縮形だ。こういった星の名前や星座は、10世紀の天文学者スーフィーが編纂した『星座の書』に記されている（P.140参照）。

12世紀に作られたスーフィーの『星座の書』の写本。左ページは、かんむり座の星の説明で、右ページは、うしかい座の星が表形式で整理されている。

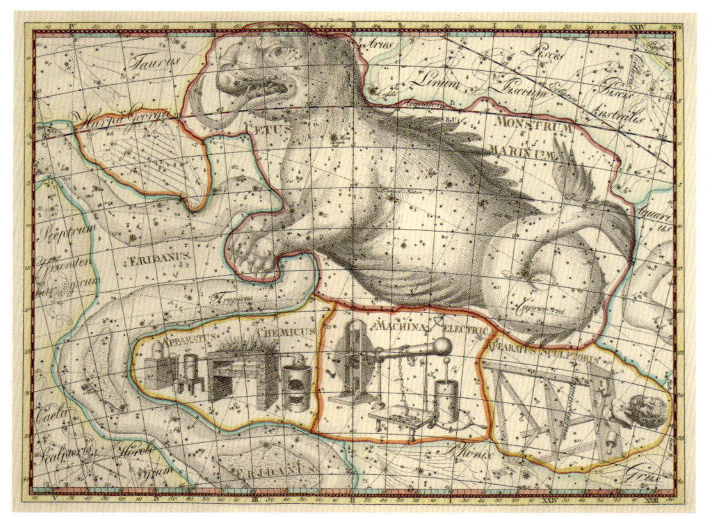

1801年に出版されたボーデの星図『ウラノグラフィア』所収のでんききかい座。

南天の星座

メソポタミア、古代エジプト、古代ギリシャ、アラビアで観測されていたのは、北半球の星だ。南半球に進出したヨーロッパの探検家たちを待っていたのは、初めて目にする満天の星だった。南半球の星図の作成は16世紀に始まったが、星も星座もない空白の領域が広がっていた。その空隙を埋めるべく、天文学者たちは独自に次々と星座を考案した。新たに星座名が編み出されるのだから、北半球でも南半球でも、星座の扱いは流動的だった。同時代や後世の天文学者に承認された星座もあれば、承認されなかった星座もある。そのように短命に終わった星座には、となかい座、なめくじ座、でんききかい座などがある。

望遠鏡のおかげでたくさんの星が見えるようになったが、見つかった星々を次々と命名される星群に当てはめようとするのは現実的ではない。そこで、拡張可能で厳密かつ合理的な新手法が必要になってくる。位置を特定するために地球の地図で用いられている座標系の手法が、天の地図でも好まれるようになった。だからといって、星群がまったくなくなったわけではない。「星群」と「星座」の重要な違いの1つは、「星座」が場所を表す正式な名称として使用されるようになったことだ。国際天文学連合（IAU）は、先人の命名に従い、88の星座の境界線を定めた。古代エジプト、古代ギリシャ、イスラム世界の遺産は、NASAや世界中の名だたる天文台での日常業務に活かされている。

天の北極と天の南極（北極と南極の真上）は、星の位置を特定するのに重要な役割を果たすが、数世紀の間にずれが生じる。地球の軸は太陽を公転する周回軌道に対して傾いており、軸自体も固定されているのではなく、2万6000年周期で円運動をしている。この現象は、歳差運動と呼ばれる。その結果、天の極は時間の経過とともに少しずつ違う場所を「指す」ようになる。現在は、北極の真上には星があるが、南極の真上にはない。2万6000年の間には、今とは別の星（ときに何もない空間）が北極星の役割を担ってきた。歳差運動はとても長い周期で起こるものだが、最古の天文記録が作られてから、変化がわかるほど十分な時間が経過している。そのため、初期の星図は、現在我々が眺めている星とは厳密には一致しない。

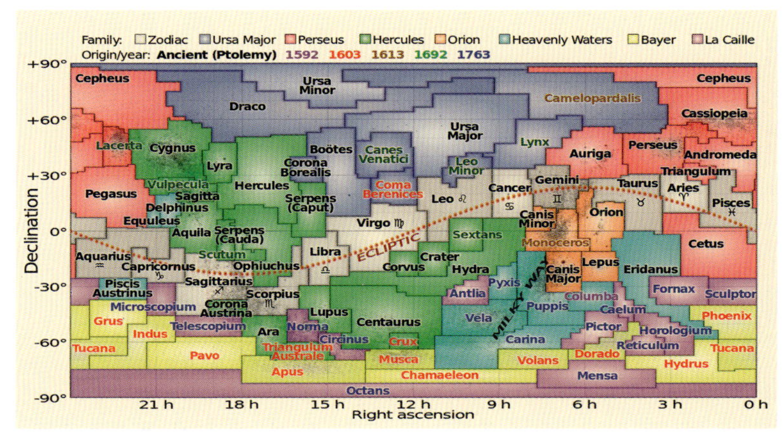

現在の天文学では、88の星座で空が区切られている。その大部分は、古代ギリシャの星群と一致している。

Orion, Geißenklösterle Ivory Plate

ギーセンクロースターレの象牙板のオリオン座

このマンモスの牙は、ドイツのギーセンクロースターレの崩落した洞窟群から発見された。片方の面（左）には、人間ないし人間の一部が刻まれている。形状が3万2000年前にオリオン座を構成していた星の位置と一致することから、オリオン座を表していると考えられる。もしそうであれば、これは星群を示す最古の遺物となる。牙のもう片方の面には、穴や刻み目が並び、暦の機能を果たしていた可能性がある。

この牙から旧石器時代の宇宙観を推し量ることはできないが、もし解釈が正しいなら、この遺物の存在自体が、我々の遠い先祖たちがすでに星の並びに何らかの図を思い描いていた証拠だと言えよう。ひょっとすると、それにまつわる物語まで生み出していたのかもしれない。

［紀元前3万3000〜紀元前3万年］

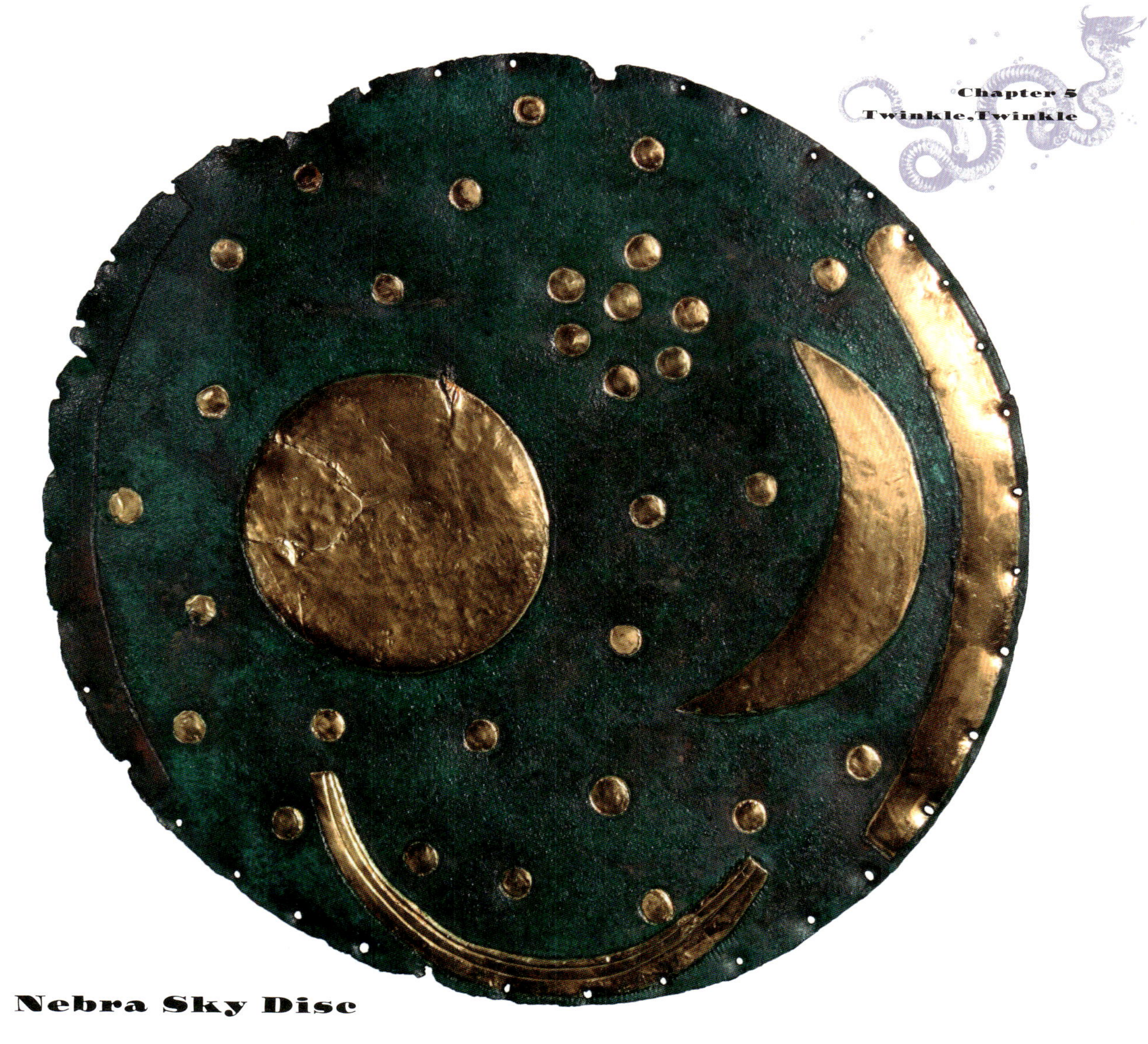

Nebra Sky Disc

ネブラの天文盤

　この青銅器時代の円盤には、太陽または満月を示す円と、月齢4日または5日の月、そして3600年前のプレアデス星団と一致する紋様がうがたれている。1999年にドイツの盗掘者たちが発見し、2002年にドイツ警察がブラックマーケットのディーラーから押収した。2006年に、ドイツの研究者たちがムル・アピンと呼ばれるバビロニアの粘土板に刻まれた内容に対応していることを突き止めるまでは、円盤の用途は不明だった。太陰暦と太陽暦を同期させるために、暦にうるう月を追加するタイミングを計算する方法を示していたのだ。

　円盤は青銅製で、表面の星は金箔で象眼されている。

［紀元前1600年頃］

Sarcophagus Hall, Tomb of Seti I

セティ1世王墓玄室

古代エジプトのセティ1世王墓の天井画は、この種の古代エジプトの天文図で最古のものだ。前ページに掲載したのは北の空を描いた部分で、神々と、その神が宿る星座が描かれ、デカンと呼ばれる星座（1年を通して明け方に、地平線上に順番に姿を見せる36個の星座）のリストが掲げられている。左から4列目は北斗七星だ。

［紀元前1305〜紀元前1290年］

Farnese Atlas

ファルネーゼのアトラス

ファルネーゼのアトラス（右）は、2世紀の古代ローマで制作された彫像で、古代ギリシャ時代の作品の複製だ。巨人アトラスは、41の星座が描かれた天球儀を肩で支えている。アトラスは、世界（ガイア）の西の果てで永遠に天空を背負うよう宣告される。この過酷な判決は、巨人族がオリンポスの神々に刃向かったことに対する罰だった。

天球儀はかなり正確で、天文学史の専門家によると、オリジナルの彫刻の星座の位置は、紀元前129年製作のヒッパルコスの星図に基づいていた可能性がある。古代ギリシャの星座を視覚的に表現したもので現存するのは、このファルネーゼのアトラス像だけだ。次に星座が図示されるのは、スーフィーの『星座の書』まで待たなくてはならない（P.140参照）。

［2世紀］

The Dunhuang Star Atlas

敦煌の天文図

世界最古の星図は、中国の唐の時代（618〜907年）の巻物に描かれている。中国から見ることができた北半球の星がすべて網羅されており、257の星群に分けられた1339個の星が名前とともに記されている。星座は、古代の占星術師・天文学者が分類した星表に基づいており、作者ごとに色分けされている。巫咸の星座は白または黄色、甘徳は黒、石申は赤となっている。甘徳と石申は紀元前4世紀頃の人物だが、石申によるものとされる星は紀元前100年頃の空と一致している。巫咸は殷（商）（紀元前16世紀頃〜紀元前11世紀）時代の巫師（シャーマン）である。星表の作者として名前が挙がってはいるものの、天文における他の業績を示す記録は残されていない。

星図が書かれた巻物は、1907年に敦煌の莫高窟から発見された。1000年にわたり仏教施設として掘り続けられ、その後忘れ去られた莫高窟からは、多岐にわたる写本や図画や文書が4万点以上見つかっている。　［649〜684年］

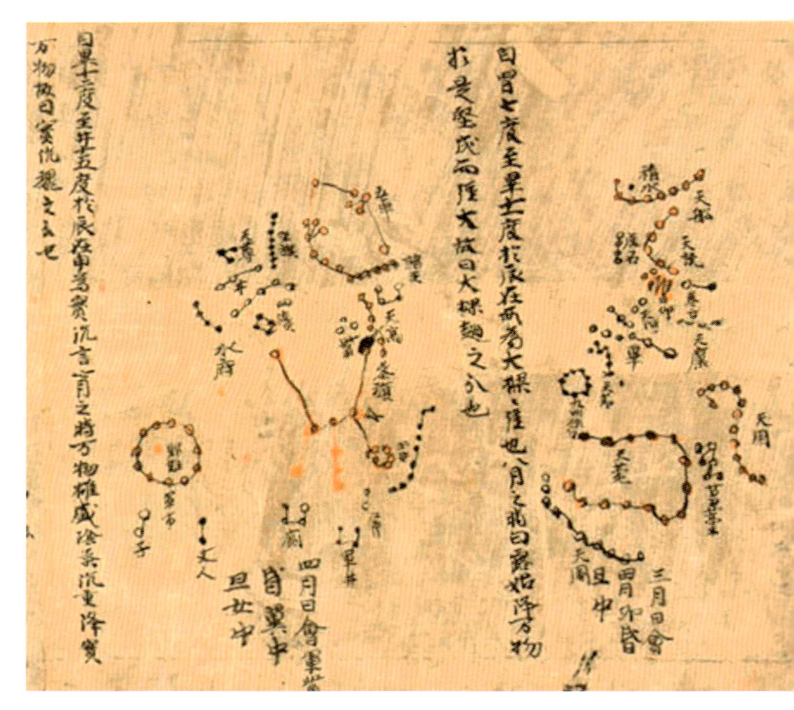

上の図は、オリオン座を表している。次ページは北極星付近の図で、下部に北斗七星が描かれている。

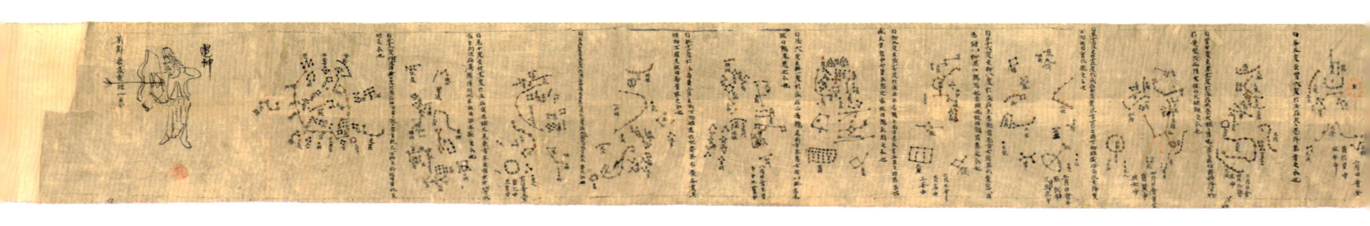

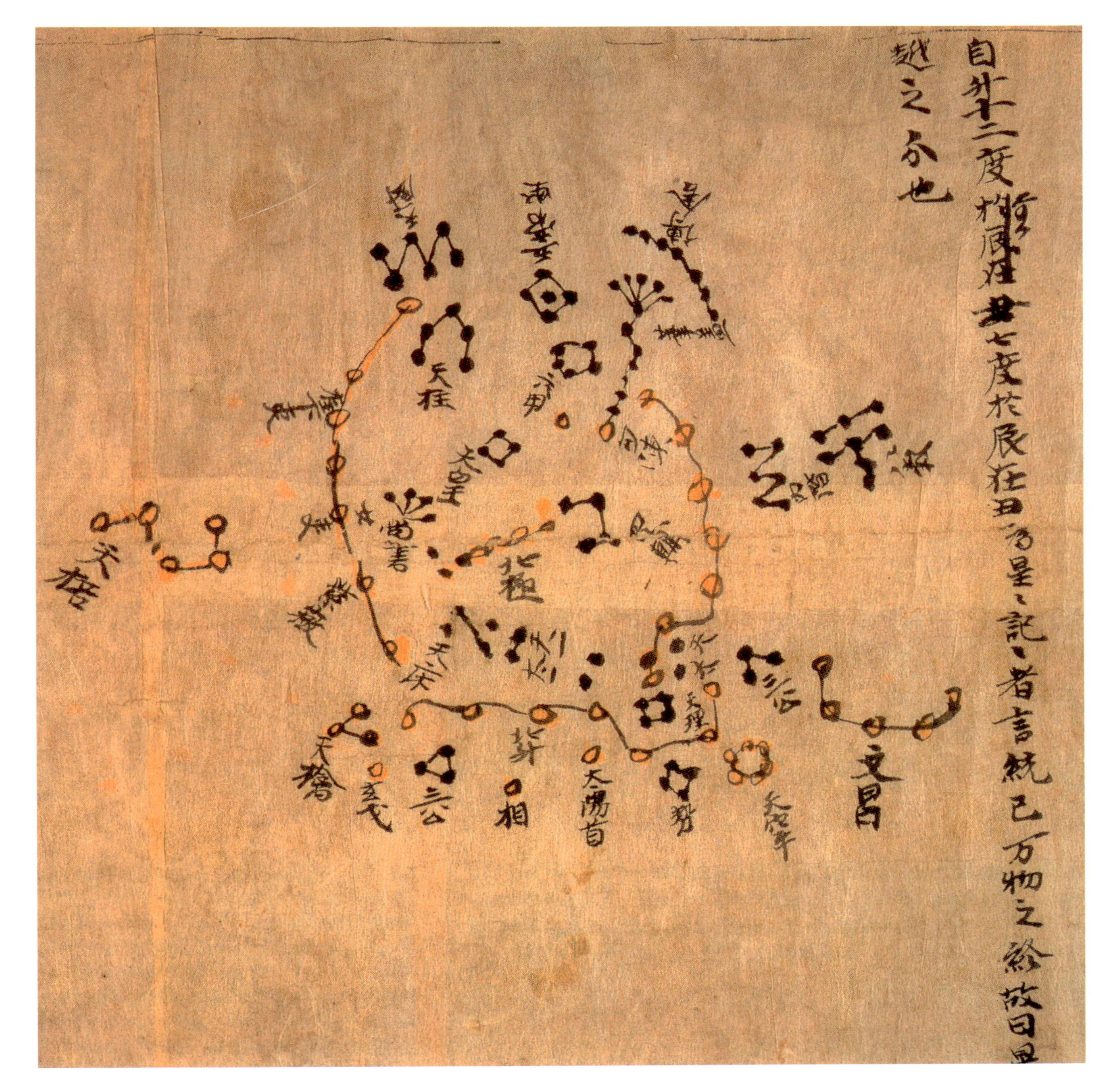
越之分也
天柱
北極
文昌
三公
相
太陽首

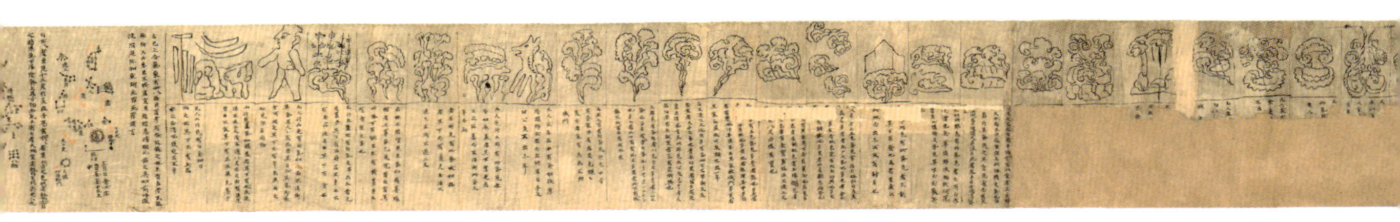

左の挿絵はりゅう座、おおぐま座、こぐま座を、上の挿絵はいるか座を描いている。

Leiden Aratea

『ライデン・アラーテア』

ライデン大学が所蔵する『アラーテア』は、アラートスの『現象』(P.22参照)をラテン語訳した装飾写本だ。星について綴られた韻文と、星座の美しい挿画で構成されている。星の位置は正確ではなく、おそらく画家は星群よりも神話に興味があったのだろう。厳密に言えば、これは星図ではない。というのも、正しく星を見つけられるほど十分な位置情報が示されていないからだ。

とはいえ、9世紀のヨーロッパは星図の作成まで後一歩のところまで来ていた。この写本には43の星座の挿絵があるが、地球から見上げたときと同じ形で描かれているものもあれば、天球儀と同様、天空の外から見た絵が描かれているものもある。

[816年頃]

Cicero, Translation of Aratus' Phaenomena

キケロによる、アラートス『現象』

『現象』の異本には、キケロによるラテン語訳があり、天文学関連の写本集成に残っている。星座は形状が図示されており、絵自体が神話におけるその星座の意義を説いた文章で表現されている。下の図は、うお座を説明している。　[9～11世紀]

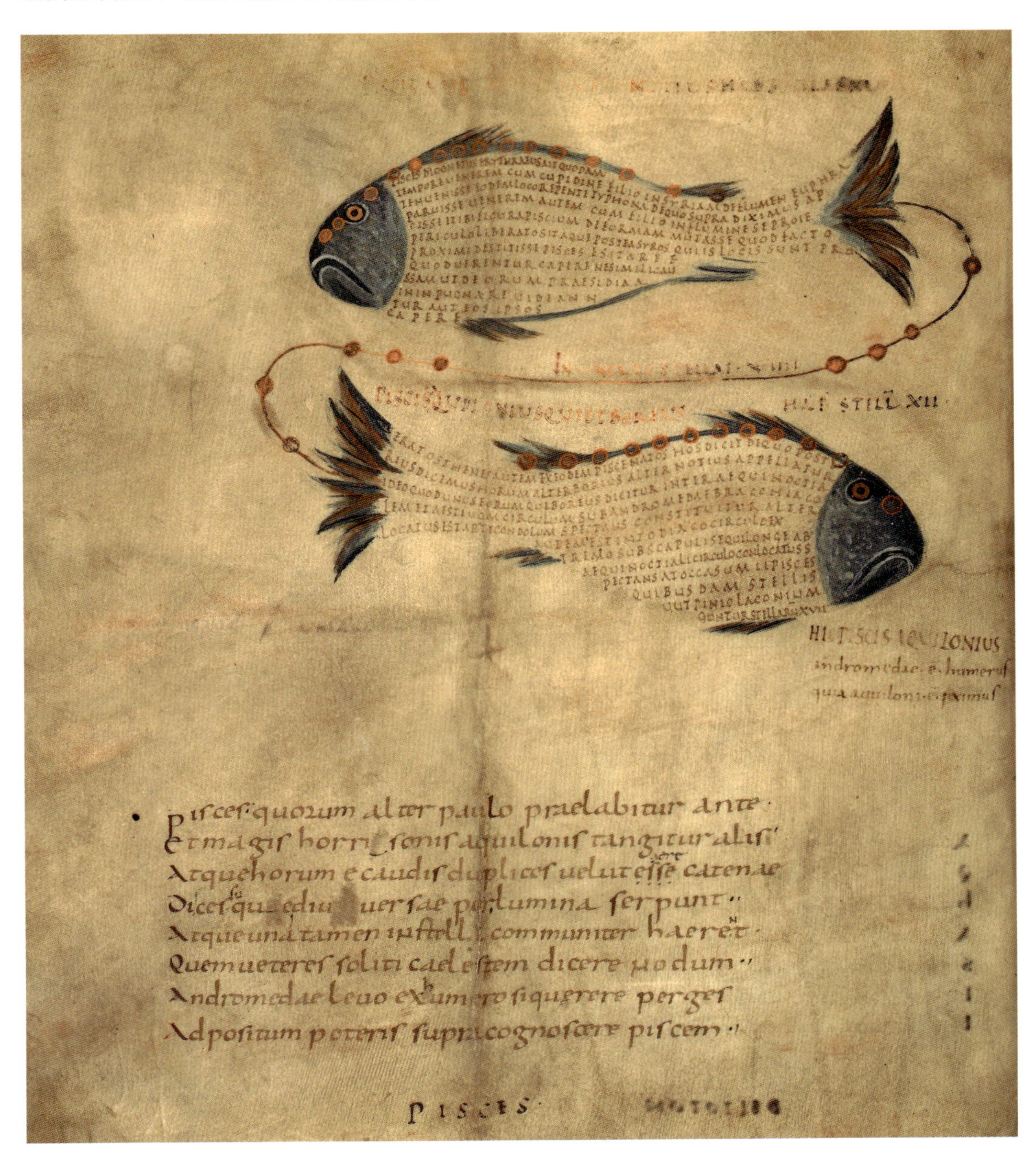

Al-Sufi, The Book of Fixed Stars

スーフィー『星座の書』

ペルシャ人天文学者アブド・アッ=ラフマン・アッ=スーフィーは、964年に『星座の書』を著した。彼が目指したのは、プトレマイオスの『アルマゲスト』とアラビアの天文学を結びつけた星の便覧の作成だった。この本には1018個の星と、そのおおまかな位置、等級、色が記されている。世界最古のアンドロメダ銀河の記述があり、スーフィーは「小さな雲」と呼んでいる。

『星座の書』では、星座ごとに挿絵があり、地球から見える形と天空の外側から見た形の2つの視点が示されている。原書は失われてしまったが、現存する最古の写本はスーフィーの息子が1009年に編纂したものだ。

星座を構成する星は赤で色分けされており、それ以外の星が、説明のために付け加えられている。このアラビア語版プトレマイオスの星座は、1250年頃にスペイン語に翻訳され、スーフィーの図もそこに収められた。その図は、ルネサンス期まで星座を描く際の手本として利用されるようになった。右に掲載した図には、ふたご座が描かれている。

［964年、1009年の写本］

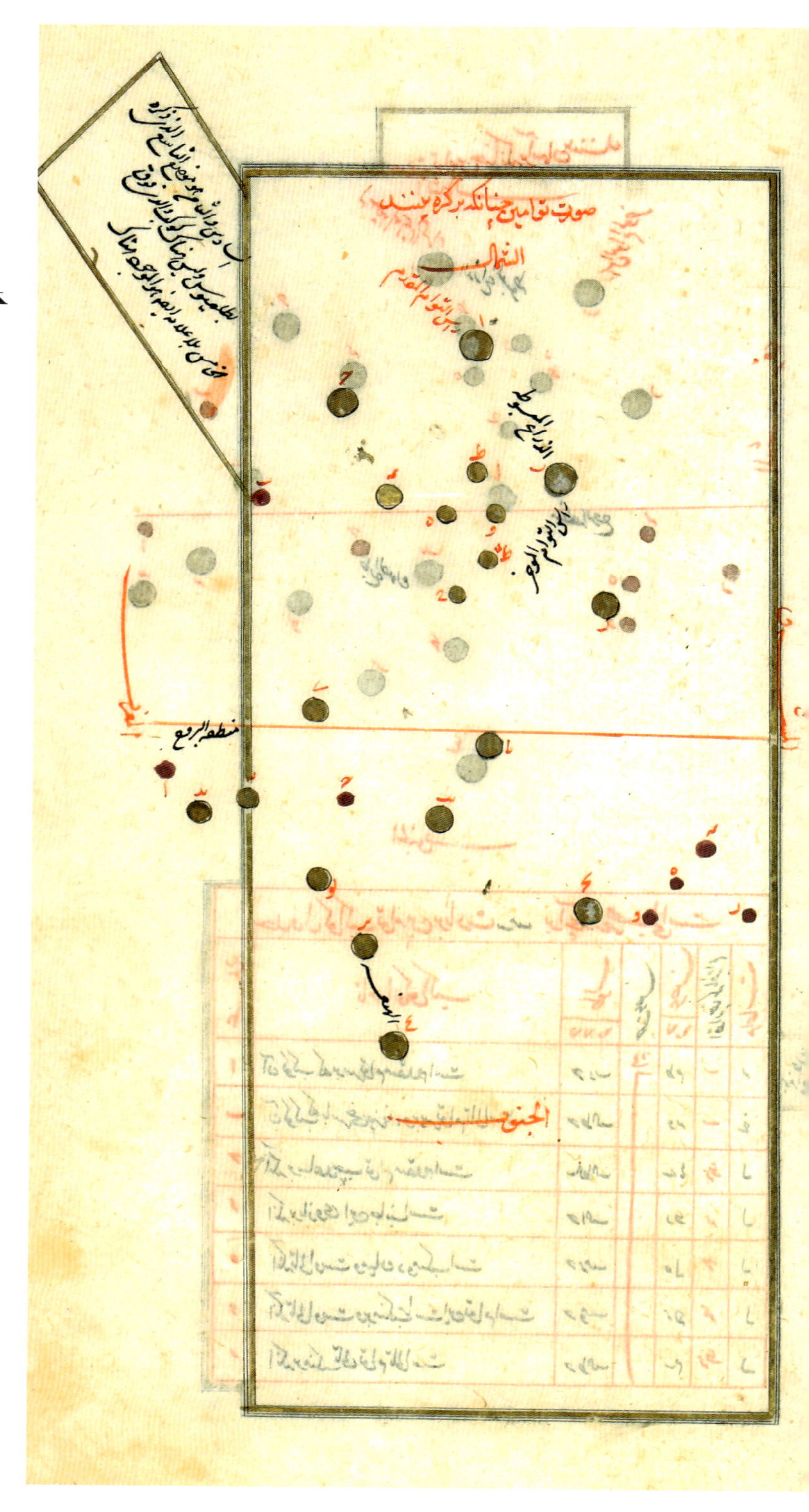

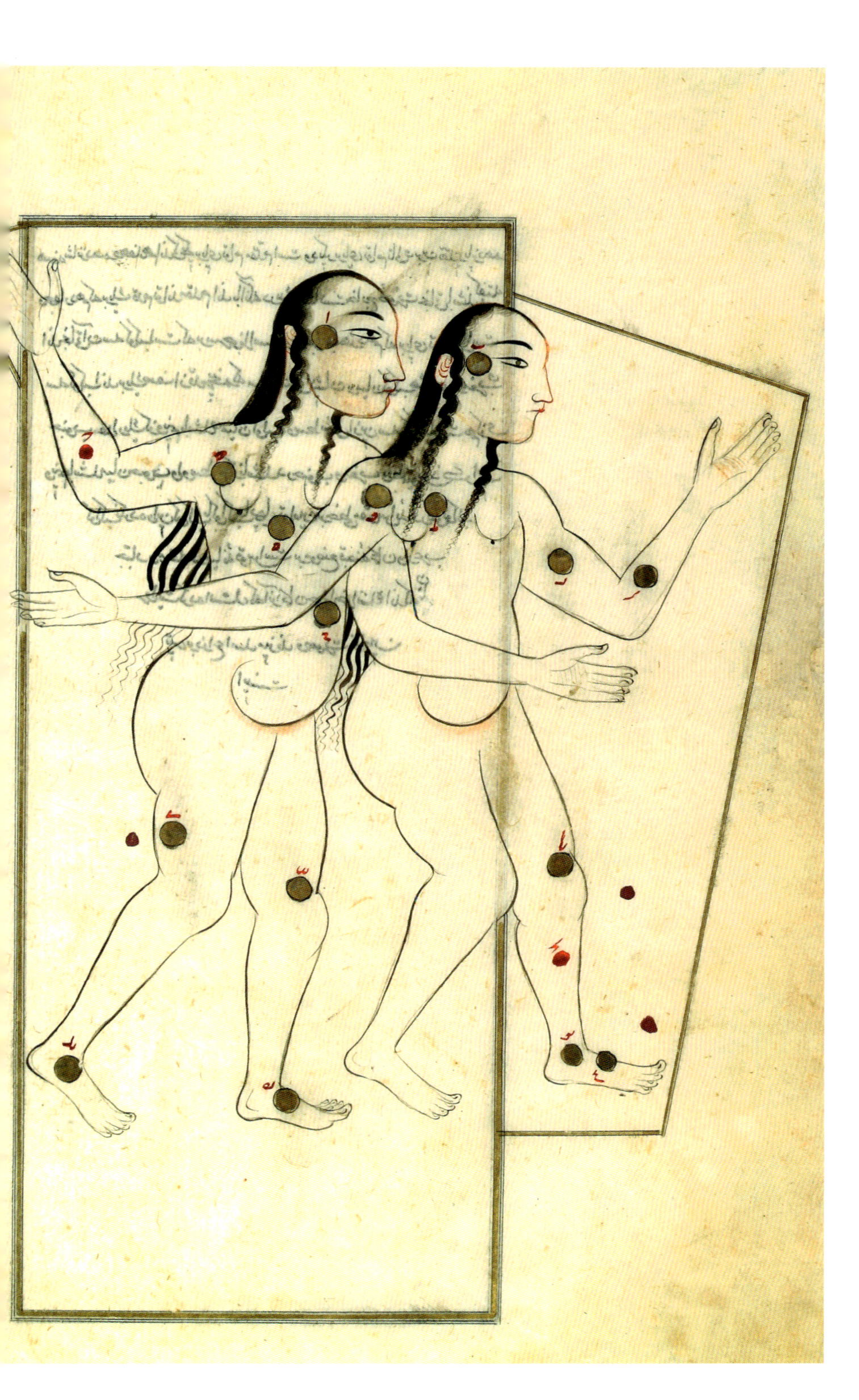

Huang Shang, Suzhou Planisphere

黄裳『淳祐天文図』

1190年頃、中国の天文学者、黄裳は星図を作成し、1247年、王致遠がそれを石碑にした。ここに示した版画は、1826年に拓本をもとに作られたもので、天の北極を中心とした北半球の平面天球図となっている。当時は、現在の北極星の位置には何もなく、北極星は天の北極から5度ずれていた(P.131参照)。

内側の円の中で放射状に延びている線は、空を28の星宿に分けている。それぞれの星宿の始まりと終わりは、境界線上の星で示される。星の位置は、北極星からの距離と、星が配置されている星宿の西の開始点からの距離で表される。

碑文には、1563個の星を含む283の星群があると記されているが、図には1436個しか見当たらない。天の川は、輪郭で示されている。この平面天球図には、中国から肉眼で観測できるほぼすべての星が網羅されている。　[1190年頃]

Imad al-Din Mahmud al-Kashi, Horoscope of Prince Iskandar

カーシー、イスカンダル・スルタンの占星図

この占星図は、ティムール大帝の孫であるイスカンダル・スルタンの誕生日1384年4月25日の星の配置を示したものだ。彼が早世する4年前の1411年、イスカンダル・スルタンの治世の2年目に当たる年に製作された。中心にある黄道十二宮の周りには、若き統治者への金の贈りものを手にした4人の天使が描かれている。中央の円には、火星(第11宮)として片手に剣、もう一方に首を持つ戦士の姿が見える。この書物は、天文学者、写本彩飾師、金箔師、書工、紙や製本の専門家たちの技術の粋を集め、王立の出版所で製作された。

［1411年］

Hyginus' Poeticon Astronomicon

ヒュギーヌス『天文詩』

『天文詩』は、ローマ人ヒュギーヌスが2世紀頃に著したものとされており、プトレマイオスの48星座のうち、47にまつわる神話が収録されている。ここに掲載した図は、ベネチアで出版された1482年の初版だ。印刷された星座の図の中では最初期の1つとされる。星座は神話とともに紹介されており、星座別に、由来となった伝説を語る構成になっている。

ここに描かれているのは、カシオペア座（左）とアンドロメダ座（右）だ。ヒュギーヌスは、アンドロメダについて次のように書いている。「アンドロメダは、ペルセウスの武勇を讃えるため、ミネルバによって星座となったと言われている。ペルセウスは、海の怪物の生け贄にされようとしていたアンドロメダを救った。その善行が報われないはずがなく、父のケフェウスも母のカシオペアも、両親と国を捨ててペルセウスのもとに向かおうとするアンドロメダを思いとどまらせることはできなかった。エウリピデスは、彼女の名を冠したすばらしい戯曲を書いている」

奇妙なことに、アンドロメダは両性具有者として描かれている。おそらく、挿画家がアンドロメダをペルセウスと勘違いしたのだろう。ペルセウスは、両性具有者と見なされることもあるからだ。英国の詩人ジョージ・チャップマンは、詩「アンドロメダ・リベラータ」（1614年）に次のように記している。「世界で最も美しい女／これ以上美しい者はないペルセウス、最も立派な男／これ以上雄々しき者はない……それこそ半神たるトロイの恐怖／輝ける両性が鏡の中で出会える場所」

Assiopeia sedēs in siliquastro collocata e. cuiꝰ sedi/lis & ipsiꝰ cassiopeie pedes positi in ipsa circūductio ne circuli qui arcticos vocat̃. effigies autē corpis ad estiuū circulū peruenit: quē capite & dextera manu tangit. hāc ,ppe mediā diuidit circulꝰ is lacteus ap pellat̃, ,pxime cephei signū collocatū. hec occidens cū scorpione ca pite: cū sedili resupino ferri pspicit̃. Exoriri aūt cū sagittario. huiꝰ i capite stella ostēdit̃ vna. In vtroq3 humero vna. In mamilla de xtra clara vna. In lūbis magna vna. In sinistro femore duas. In genu vna. In pede ipsiꝰ dextro. j. In q̃drato quo sella desormat̃. J. In vtrisq3 singule clariꝰ ceteris lucētes. hec igit̃ ē oio stellaꝝ. xiij.

Andromeda ꝑpe cassiopeiã supra caput persei breui
iteruallo dissidẽte ꝓspicit collocata: manibꝰ diuersis
vincta vt antiquis historijs ẽ traditũ: cuiꝰ caput eq̃
pegasi vẽtri coniungit. Eadẽ eni stella vt vmbilicus
pegasi ⁊ andromedę caput appellat. Huiꝰ medium
pectꝰ ⁊ manũ sinistrã circulꝰ ęstiuus diuidit. Occidit autẽ cũ pisce
de duobus secũdo: quẽ andromedę subiectũ brachio supra dixi-
mus. Exoriẽte libra ⁊ scorpione capite priusq̃ reliquo corpe pue-
nit ad terrã. Exorit autẽ cũ piscibꝰ ⁊ ariete. Hec vt supra diximus
habet i capite stellã clare lucentẽ vnã. In vtroq̃ humero vnã. In
cubito dextro vnã. In ipsa manu vnam. In sinistro cubito vel in

右下の図には、うみへび座の他に2つの星座が描かれている。うみへび座の背中に乗っているのは、からす座とコップ座だ。ヒュギーヌスがこのように星座を配置したのは、次のような理由からだ。太陽神アポロンは、カラスに泉からきれいな水をくんでくるよう命じたが、カラスは途中でイチジクの木を見つけ、実が熟すまで枝に止まって待つことにした。数日後、熟した実を食べたカラスは、コップを持ってアポロンのもとに帰った。カラスが遅れたせいで別の水を使わざるをえなかったアポロンは激高し、カラスを罰することにした。それ以来、イチジクが熟すまでの間、カラスは水が飲めなくなってしまった。アポロンは、のどが乾いているカラスからコップを守るため、ウミヘビを天に召し上げた。カラスはウミヘビの尾をつついて水にありつこうとするが、うまくいかない。 ［1482年］

ydra trium signorum longitudinẽ occupans cancri
leonis ⁊ virginis: inter ęquinoctialẽ circulum ⁊ hye-
malem collocatur: Ita tamen vt caput eius con-
tendens ad signũ id quod procyon vocat: ⁊ totius
hydrę ꝓprie quarta pars inter ęstiuũ ⁊ equinoctia-
lẽ circulũ videat. Cauda aũt extrema pene cẽtauri caput tegẽs: su-
stinet in dorso Coruũ: rostro corpus eius tangentẽ ⁊ toto corpore
ad craterem tendentẽ: qui satis longo discidente interuallo prope
nter leonem ⁊ virginem constitutus videtur inclinatior ad caput

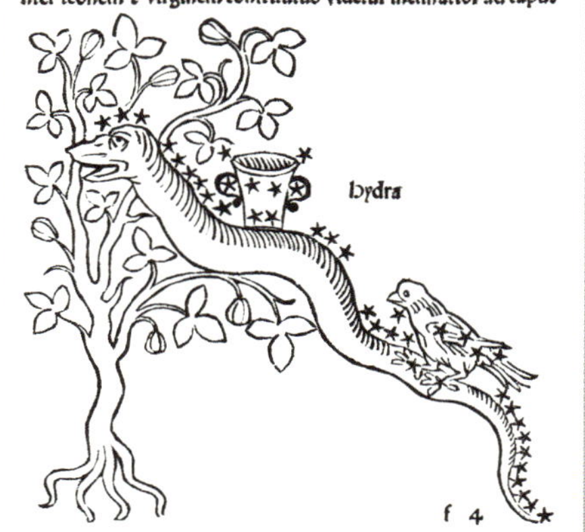

Albrecht Dürer, Imagines Coeli

アルブレヒト・デューラー『北天星図』『南天星図』

画家、版画家の巨匠アルブレヒト・デューラーは、ヨーロッパで初めて星図を版画で製作し、1515年に発表した。天球儀と同じように、黄道十二宮の星座は反転しており、反時計回りに配置されている（つまり、神の視点から空を見た外観の図になっている）。ルネサンス期に一般的になるこのスタイルを用いた初の星図だ。デューラーは、ターバンなどのアラブ風のいでたちのスーフィーの図を踏襲せず、裸体やトーガをまとった従来からの伝統的な姿を図に採用した。この形式は、その後200年にわたって続くことになる。

デューラーには有能な共同製作者がいたため、星の位置はかなり正確だ。ヨハネス・スタビウスはウィーンのマクシミリアン１世の宮廷天文学者で、

投影法や座標系について助言した。さらに、数学者のコンラート・ハインフォーゲルが、星の位置を割り出してプトレマイオスの『アルマゲスト』の星表を改訂した。

天の極から30度単位に引かれた線と、外縁に沿って記されている数字から、星の位置や座標の開始点が簡単に判別できるようになっている。しかし、残念なことに、星座は実際に地上から見える形の裏返しとなっており、星の等級も記載されていないので、星図としての使用は難しい。

南半球の大きな空白部分は、星がないことを意味しているわけではない。当時のヨーロッパ人は、まだそこにどんな星があるかを知らなかったのだ。

［1515年］

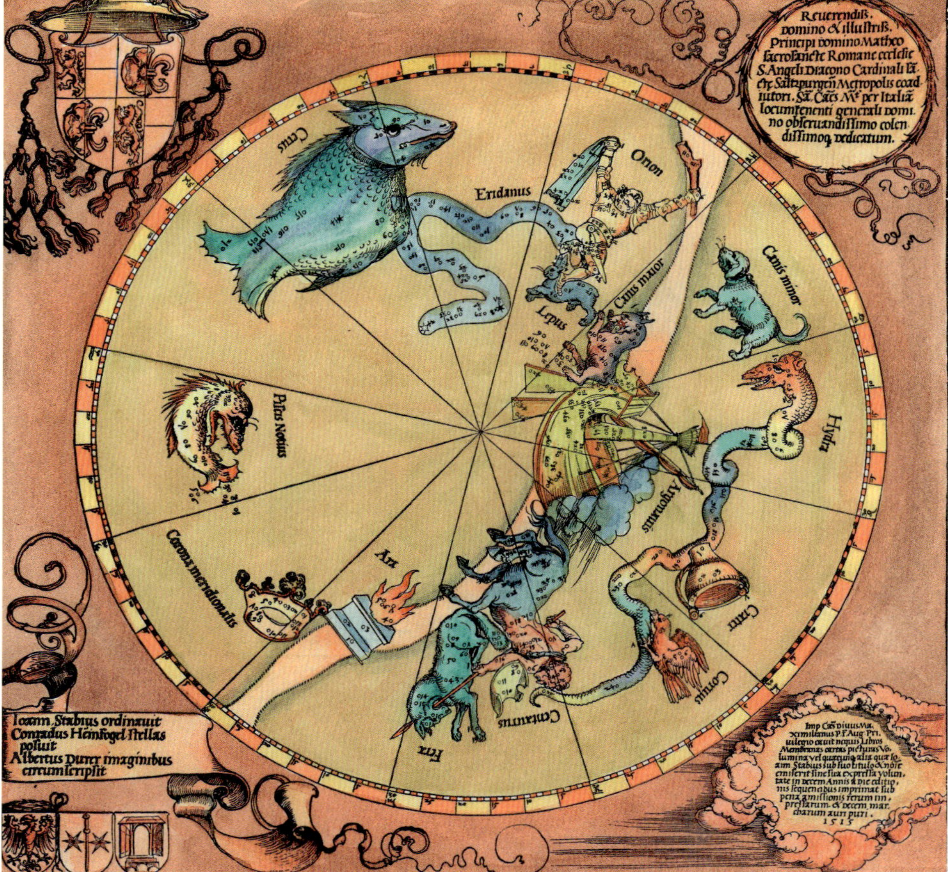

Peter Apian and Michael Ostendorfer, Astronomicum Caesareum

ペトルス・アピアヌスとミヒャエル・オステンドルファー『皇帝天文学書』

右の『皇帝天文学書』は、神聖ローマ皇帝カール5世の天文官だったペトルス・アピアヌスによって1540年に出版された。装飾はミヒャエル・オステンドルファーによる。紙細工の仕掛け本としては初期のもので、天体の位置を求めるアストロラーベという器具の仕組みの精巧さを再現している。アピアヌスは、このような「ボルベル」という回転式円盤を用いた本の先駆者で、この本では55ページのうち21ページに仕掛けがある。針の部分には、かつては小粒の真珠が飾られていた。

左上の写真は、1601年頃にインドもしくはペルシャで作られた真鍮製のアストロラーベで、本物のアストロラーベはこのように金属でできている。縁に角度が刻まれた基盤に、天の緯度と天体高度が刻まれた円盤がかぶせられ、その上に明るい星の位置を示す「リート」と呼ばれる細かい網のような模様の枠がついている。使用するには、あらかじめ基準となる星の天体高度がわかっている必要がある。その星が平面上で正しい高度に来るまでリートを回すと、他の星の位置を読み取ることができる。

［1540年］

Alessandro Piccolomini, De le Stelle Fisse

アレッサンドロ・ピッコローミニ『恒星』

印刷された最初の星図を作ったのは、アレッサンドロ・ピッコローミニだ。『恒星』と題された本には、星座の神話について記述があるにもかかわらず、星が描かれているだけで、星座の形状については示されていない。ピッコローミニは、「a」が最も明るく、「b」が次に明るいといった具合に、アルファベットを使って星の等級を表す方式を導入した。星の大きさも等級に応じて描かれている。ページ下部には縮尺があり、星座全体の大きさもわかる。また、天の極のおおまかな方向もわかるようになっており、「parte verso il polo」と書かれている方向に天の極がある。ここに描かれているのは、うさぎ座である。　［1540年］

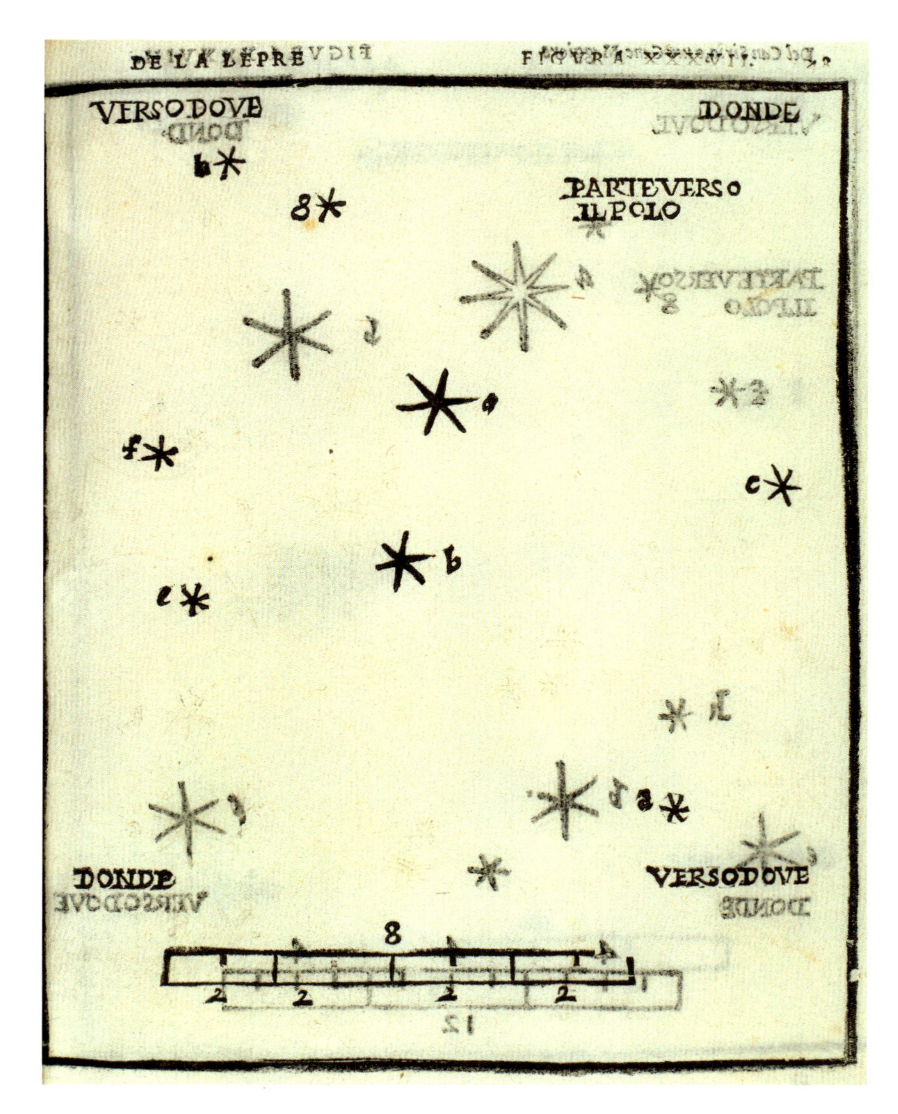

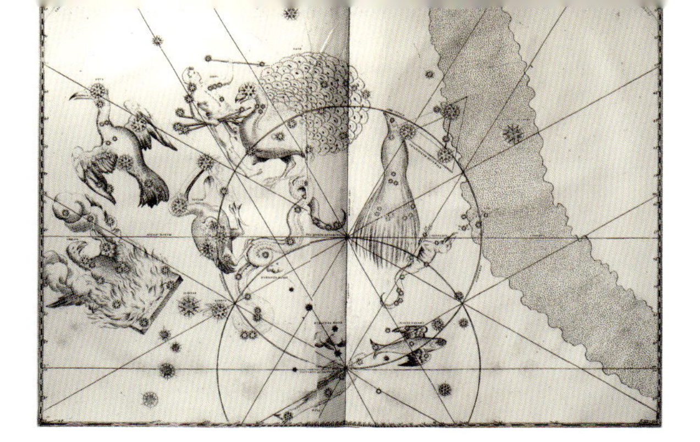

Johann Bayer, Uranometria

ヨハン・バイヤー『ウラノメトリア』

バイヤーの『ウラノメトリア』は、既存の星図の中でもとりわけ重要な書物で、全天をカバーしたヨーロッパ初の星図の印刷物だ。1603年にドイツのアウクスブルクで刊行され、1624年から1689年にかけて8つの版が作られた。当時の印刷はすべて白黒だったが、このような銅板印刷や初期の印刷物の多くは、印刷後に手で彩色されることもしばしばだった。

『ウラノメトリア』には、プトレマイオスの48星座が記載されており、後の版には南天の新しい12星座(上図)が含まれている。オランダ初の東インド遠征の報告に基づき、ペトルス・プランシウスが考案した星座だ。プランシウスは、ほぼ自然界に存在する名を星座につけたが、ほうおう座と、みなみのさんかく座だけは例外だ。

バイヤーは、ティコ・ブラーエの星表にある1005個の星の位置を採用しつつ、独自の観測によって1000個の星を追加している。その結果、それまでの星図を超える数の星を収録できた。天の川は北天でも南天でも見ることができる。

図版はそれぞれグリッドで区切られ、余白に度数の目盛りが振ってあり、座標の位置を正確に読み取ることができる。星の配置は、鏡像ではなく、地上から見上げたときと同じになっている。左の図は、へび座だ。 ［1624年］

アンドレアス・セラリウス、古典的な北半球の星座

ゲラルドゥス・メルカトルの『クロノロジカ』(P.34参照)は、既知の全宇宙と地球の歴史をすべて網羅しようとした野心的な試みだった。メルカトルはその完成を待たずにこの世を去り、セラリウスらが製作に携わり、最終巻の刊行まで100年を要した。その最終巻『大宇宙の調和』には、プトレマイオス、コペルニクス、そしてその折衷案とも言えるティコ・ブラーエによる当時の3つの宇宙像が示されている(P38〜39参照)。同じように、星座についても、非キリスト教とキリスト教双方の解釈が描かれている(P.154参照)。ここに掲げた図は、従来からの解釈に基づいて北半球の空を描いたものだ。なお、『大宇宙の調和』には、太陽や月の性質や、星の等級といった一般的な内容も記されている。

［1660年］

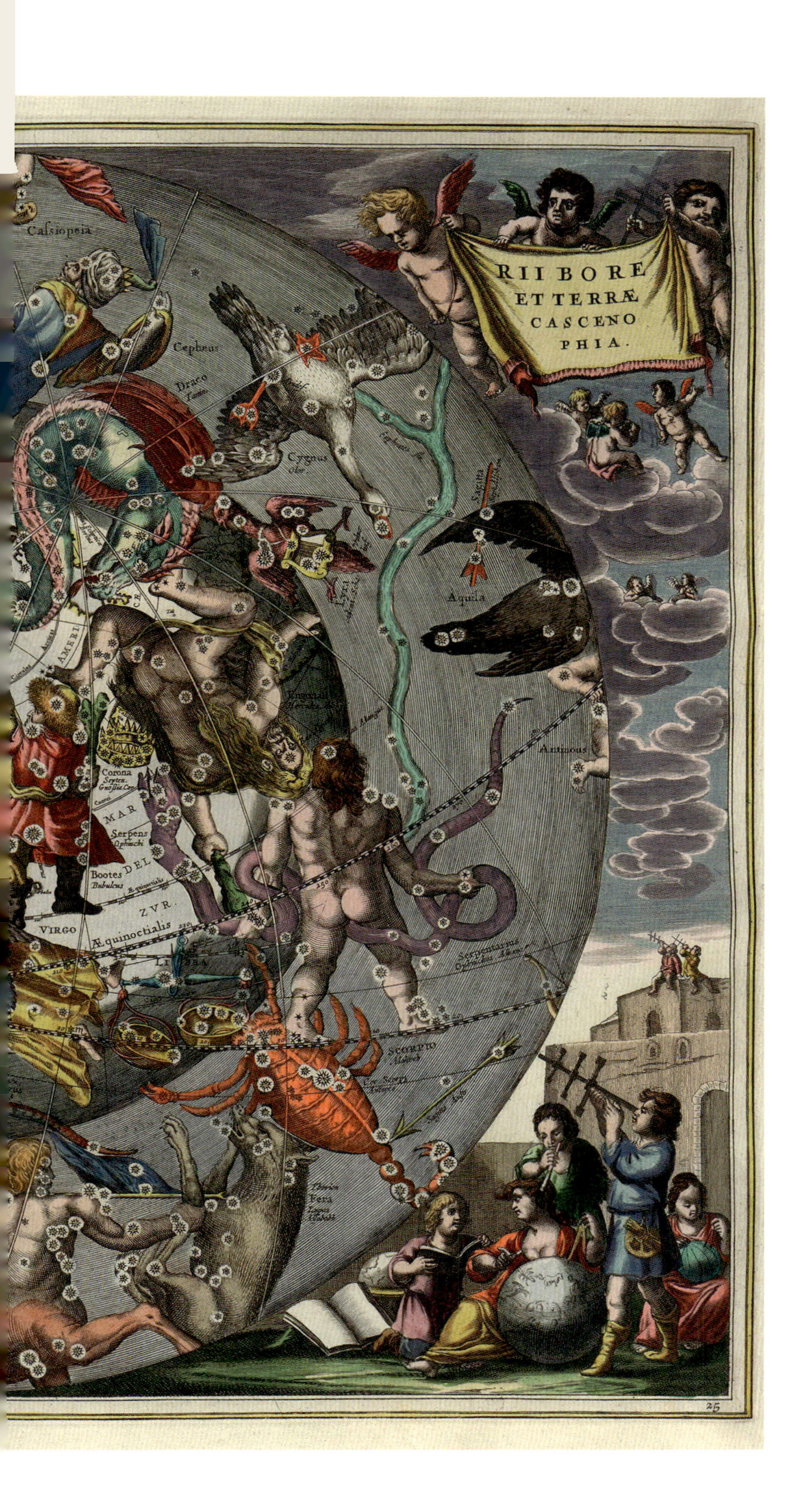

Andreas Cellarius, Classical Constellations of the Northern Hemisphere

アンドレアス・セラリウス、キリスト教における北半球の星座

これは、セラリウスが描いたキリスト教の解釈に基づく星座だ。この星群に描かれているのは、聖書の物語や初期キリスト教に由来する人物や聖人である。キリスト教世界の星座は、1627年に出版されたユリウス・シラーの『キリスト教星図』で初めて登場する。シラーは、北半球の星座を新約聖書、南半球の星座を旧約聖書に登場する人物に置き換え、黄道十二宮は十二使徒にすげ替えた。セラリウスは、惑星、月、太陽も古典の神々ではなく、聖書中の人物と結びつけている。［1660年］

Andreas Cellarius, Christianized Constellations of the Northern Hemisphere

Frederik de Wit, Celestial Map

フレデリック・デ・ウィット『天球図』

　フレデリック・デ・ウィットは、世界的に名の知れたオランダ人地図製作者で、地図帳、都市の地図、海図の他に、このようなみごとな天球図を作成した。プトレマイオス、コペルニクス、ブラーエの宇宙像が同等に扱われているが、地球（右下）の運動と光の当たり方を示した図には、コペルニクスの宇宙像が用いられている。また、（正確ではないものの）地球は楕円軌道となっており、ケプラーの影響もうかがえる。さらに、図の地軸は明らかに傾いている。図の大部分は、北半球と南半球の星座が占め、主要な星には名前が記されている。［1670年］

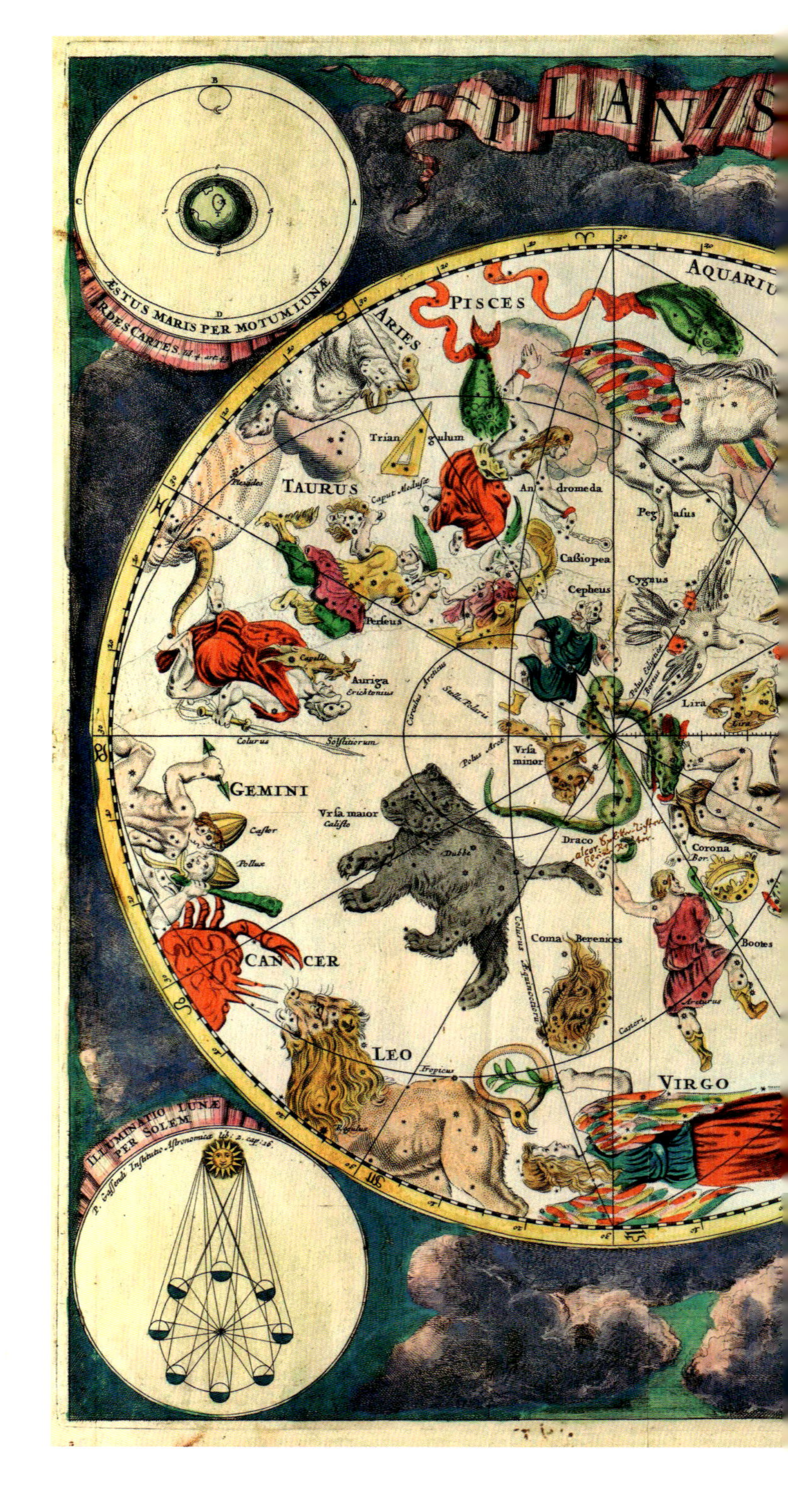

ÆRI UM COELESTE
HYPOTHESIS PTOLEMAICA
HYPOTHESIS TYCHONICA
HYPOTHESIS COPERNICANA
P. LANSBERGII SCHEM.
MOTUS TERRÆ ANNUI CIRCA SOLEM
PISCES
ARIES
AQUARIUS
Cetus, Balena
Piscis notius
Phœnix
TAURUS
Orion
CAPRICORNUS
Grus
Indus
Fluvius Eridanus
Lepus
Colomba Noe
Hydra
Pauo
Corona australis
SAGITTARIUS
Apous Indica
Cameleon
Musca
Canis maior Sirius
GEMINI
Canicula Procyon
SCORPIUS
Ara, Thuribulum
Fera, Lupus
Argo Navis
Centaurus
CANCER
Hydra
LIBRA
Crater
Corvus
LEO
VIRGO
SAGITTA RIUS
Antinous
Serpentarius Ophiuchus
SCORPIUS
LIBRA

Vincenzo Coronelli, Globes of the Sun King

ビンチェンツォ・コロネッリ、太陽王の天球儀

イタリア人地図製作者ビンチェンツォ・コロネッリは、1681年から1683年の間に、フランスの太陽王ルイ14世のために地球儀と天球儀を製作した。それぞれ直径が4メートルもある大型のものだ。天球儀には、プトレマイオスの48星座とそれ以降に見つかった南半球の星座を含め、72の星座が描かれている。星座は物語に登場するような姿で表現されており、フランス語、ラテン語、ギリシャ語、アラビア語で名前が記されている。左の写真の天球儀では、太陽が黄道を表す金属のリングに沿って動くようになっており、1880個の星が明るさに応じた大きさの鋲で表現されている。彗星の横には、発見日が書かれている。

［1681〜1683年］

いっかくじゅう座の拡大図。天の赤道上にあるこの星座は、17世紀にペトルス・プランシウスが定めた。

Johannes Hevelius, Firmamentum Sobiescianum

ヨハネス・ヘベリウス 『ウラノグラフィア』

ポーランド人天文学者ヨハネス・ヘベリウスには、旧式なところがあったようで、望遠鏡が発明されて半世紀ほどが過ぎていたにもかかわらず、肉眼での観測にこだわった。彼が著した『ウラノグラフィア』は、2つの半球と総数73の星座が描かれた地図帳だ。この中には、ヘベリウスが自ら考案した新しい星座も含まれている。北半球の大半の星の位置は、ヘベリウス自身が観測したものだが、341個の南天の星については、1676年のハレーの観測データに依拠している。ヘベリウスは、天空を外側から見た視点で星座を描いていて、これも旧式の方法だ。星の名前は記されていないが、星座内の位置が描写されているので、場所は特定できるようになっている。 ［1690年］

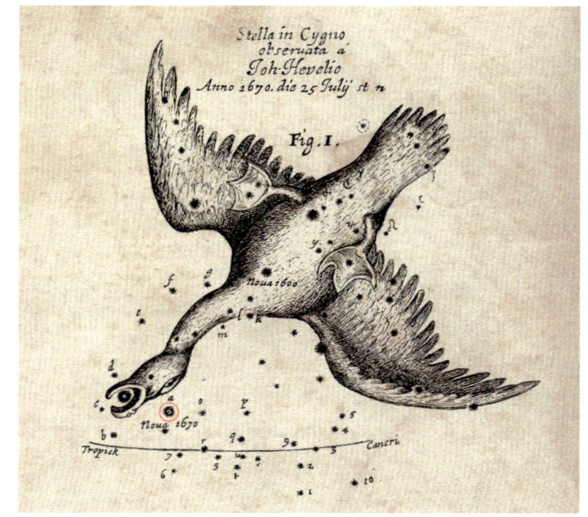

1670年に新しい星が出現し、天文界の耳目を集めると同時に衝撃をもたらした。ヘベリウスは、その星のはくちょう座に対する相対的な位置を示し、「白鳥の頭の下の新星」と呼んだ。現在、この「星」はこぎつね座CK星と呼ばれており、2つの星の衝突による現象と考えられている。

Erhard Weigel, Celestial Globe

エアハルト・ヴァイゲル、天球儀

エアハルト・ヴァイゲルは、イエナ大学の数学教授だった。彼が天球儀を作った目的は、古代ギリシャ、イスラム圏、バビロニアに起源を持つ「野蛮な」星座名を、キリスト教的なヨーロッパ式の上品な名前に置き換えることにあった。しかし、この天球儀は奇妙な寄せ集めになってしまっていてわかりにくい。おなじみの星座の表面が塗りつぶされ、その上に新しい星座が彫刻されている。星の位置には小さな穴がうがたれ、これを「輝かせる」ために内部に光源が設置されている。

ヴァイゲルは天球儀にもう1つ新機軸を導入しているが、こちらの方が成功していると言えるだろう。当時の天球儀はほとんど、宇宙の外側から見た星を表現していた。しかし、我々が実際に地上から見ているのは、天球儀の内側から見た星の姿だ。ヴァイゲルの天球儀には、やや大きめの穴がいくつか空いていて内側からのぞけるようになっているものもある。これなら、地球から見上げた状態の星座を見ることができる。

［1699年］

Pawnee Sky Map

ポーニー族の星図

この星図は、300年ほど前に、北米の先住民族スキリ・ポーニーが作ったもので、鹿のなめし革に描かれている。1906年、米国オクラホマ州ポーニーで発見された。大きさは38×55センチで、星は等級に応じて5種類の大きさの十字で記されている。中央部にある小さい（いちばん等級の低い）星の帯は、ポーニー族が精霊の道と呼んでいた天の川を表している。帯の下には、かんむり座を示す円形に並んだ星があり、そのすぐ左には北極星がある。

星図の上部には冬に最もよく見える星が、下部には夏に見える星座が記されている。ポーニー族にとって、星はとても重要な意味を持ち、とりわけ北極星とプレアデス星団が別格で、神話にそれが顕著に現れている。星図の上部の大きな星々と天の川との間で、6つの星が密集してかたまっているのがプレアデス星団だ。図を取り囲んでいる太い境界線は、地平線を表している。

［1700年頃またはそれ以前］

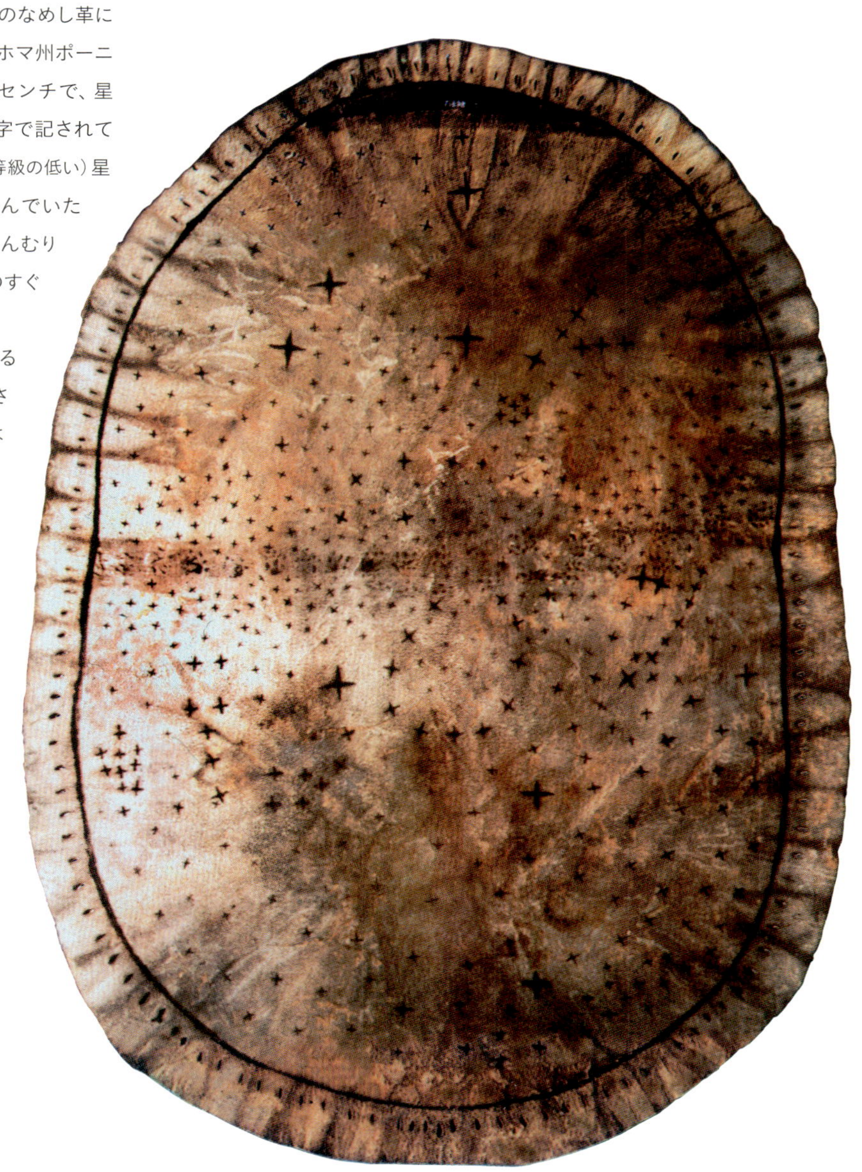

John Flamsteed, Atlas Coelestis

ジョン・フラムスティード『天文図譜』

　英国の天文学者ジョン・フラムスティードは、初代の王室天文官だ。おそらく、天王星を記録した初の人物だが、惑星ではなく恒星だと誤って認識していた。死後10年たった1729年、残された妻が亡き夫の観測に基づいた星図を出版した。1770年代に、一部の星の位置にわずかなずれがあったため改訂が行われ、その後1795年に再び改訂版が出版された。星雲はフラムスティードの生前には知られていなかったが、望遠鏡が改良されてその存在が明らかになると、改訂版には星雲も追加

された。なお、天王星が惑星だと認定されるのは、1783年のことだ。

フラムスティードは、独自の観測に基づいて星の位置を正確に計測した。また、従来からの黄道を基準とするグリッドに加え、新たに赤道を基準としたグリッドの体系も取り入れた。ここで言う赤道とは、地球の赤道を天に投影したものだ。当時のフラムスティードの星図は、それまでで最も大判で、ヘベリウスやバイヤーの星図より多くの星が収録されている。

［1729年］

Nicolas Louis de Lacaille, Coelum Australe Stelliferum

ニコラ・ルイ・ド・ラカイユ『南天恒星図』

1750年、ニコラ・ド・ラカイユはフランスから南アフリカのケープタウンに向けて出港し、1751〜1752年に南半球の9800個の星を観測、記録し、17の新しい星座を設定した。そのうち14の星座はケープタウンでの観測に基づいたもので、残る3つはすでにあった大きなアルゴ座を分割したものだ。こうしてラカイユは、空白地帯だった南天の星空を埋めていく。新しい星座は、ろ座、けんびきょう座、コンパス座、ぼうえんきょう座などで、神話の登場人物ではなく、道具や機器から名前をとって命名されている。彼が設定した星座名は、今でも使われている。［1763年］

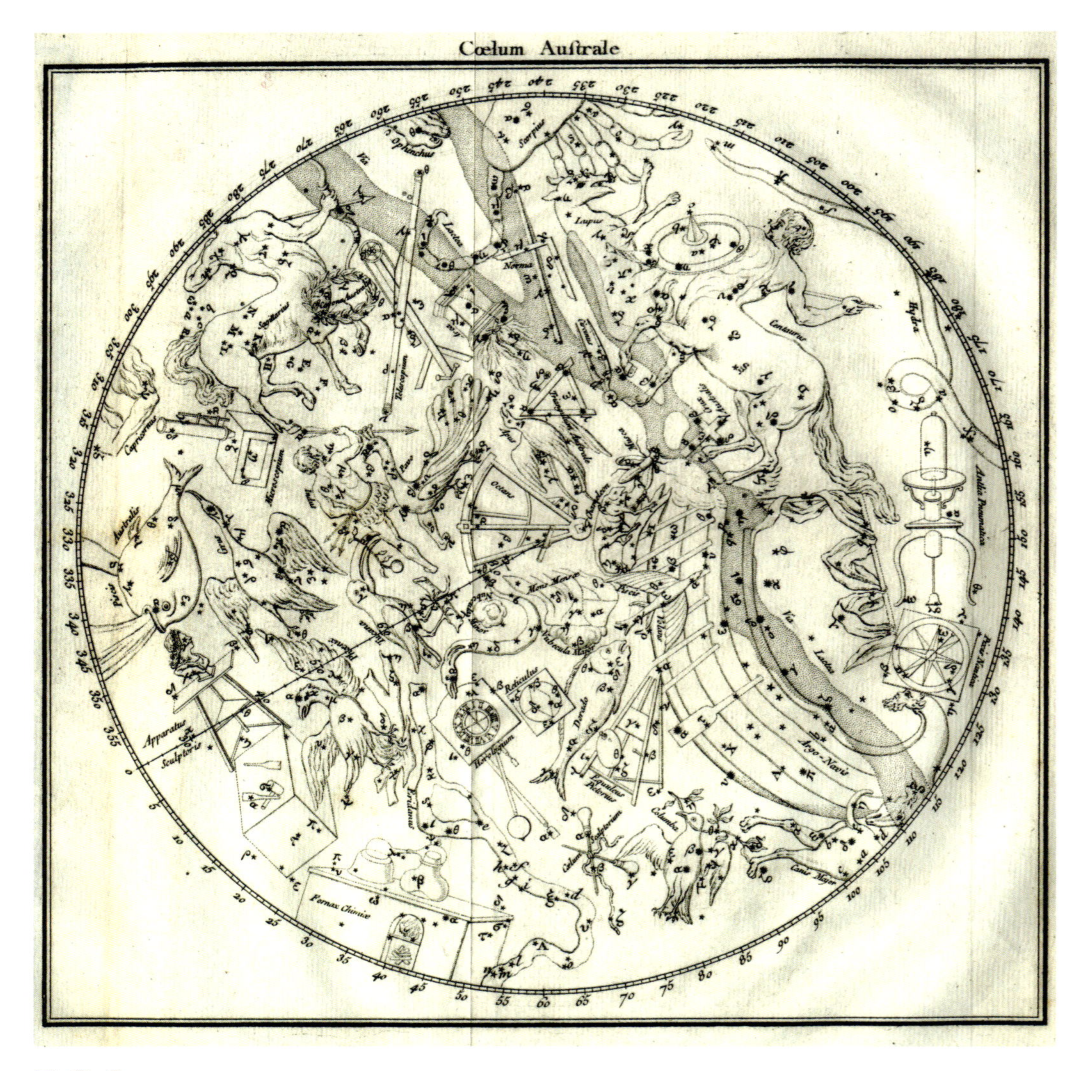

Johann Schaubach, Southern Stars, Catasterismi

ヨハン・ショーバッハ、南天の星、『カタステリスモイ』より

ここに示した南天の星図は、ドイツで刊行された1795年版『カタステリスモイ』に収められた挿絵だ。もとは1世紀のキュレネのエラトステネス作とされている。『カタステリスモイ』とは「星々の配置」という意味で、星座の起源となった神話を解説している。挿絵には、古代ギリシャで知られていた南天の星座が描かれている。古代の人々が目にすることがかなわなかった天の南極付近は空白だ。

この図は、南極に当たる地域を中心に据え、黄道は図の上半分を横切るアーチで示されている。星の相対的な明るさも示され、下部には等級が記されている。

［1795年］

Christoph Goldbach and Franz von Zach, Gemini

クリストフ・ゴルドバッハとフランツ・フォン・ツァハ、ふたご座

天の川を示す帯を背景に、ふたご座が星印で描かれている。この星図は、ドイツの天文学者クリストフ・ゴルドバッハとフランツ・フォン・ツァハによる『最新天文地図』に掲載されている。元本は、1795年に刊行された、フラムスティードの星図のフランス語簡約版だ。前書きでは、刊行に当たって、特にアマチュアや新米の天文学者にとっての使いやすさを意図したことが明記されている。実際の空と比べやすいように、星は黒地に白で表現されている。［1799年］

Johann Bode, Uranographia

ヨハン・ボーデ『ウラノグラフィア』

ヨハン・ボーデは、重要な天文学教科書を何冊も著し、惑星の軌道間の距離は数列で表せるとするティティウス・ボーデの法則を広めた。1801年に出版された著書『ウラノグラフィア』は、それまでに刊行された中で、最も大判かつ包括的な星図で、そこには、既存のものをはるかに凌駕する、1万7240個の星と2500個の星雲が掲載されている。挿絵入り星図の最後の豪華本だ。　［1801年］

William Crosswell, Mercator Star Map

ウィリアム・クロスウェル、メルカトル図法による星図

この星図は、米国人地図製作者ウィリアム・クロスウェルによるもので、1810年にボストンで刊行された。通常の星座に加え、「ムササビ」（左上）と「コロンブスの胸像」（左下）という２つの新しい星座が含まれている。図はメルカトルの円筒図法で投影されていて、地球の地図と同じ数学理論を用いているため、同じようなゆがみが生じている。中央部を横断しているのは、太陽の見かけ上の通り道である黄道だ。長期にわたって観測された1807年の大彗星の軌道が、図の右上にある点線で記されている。　［1810年］

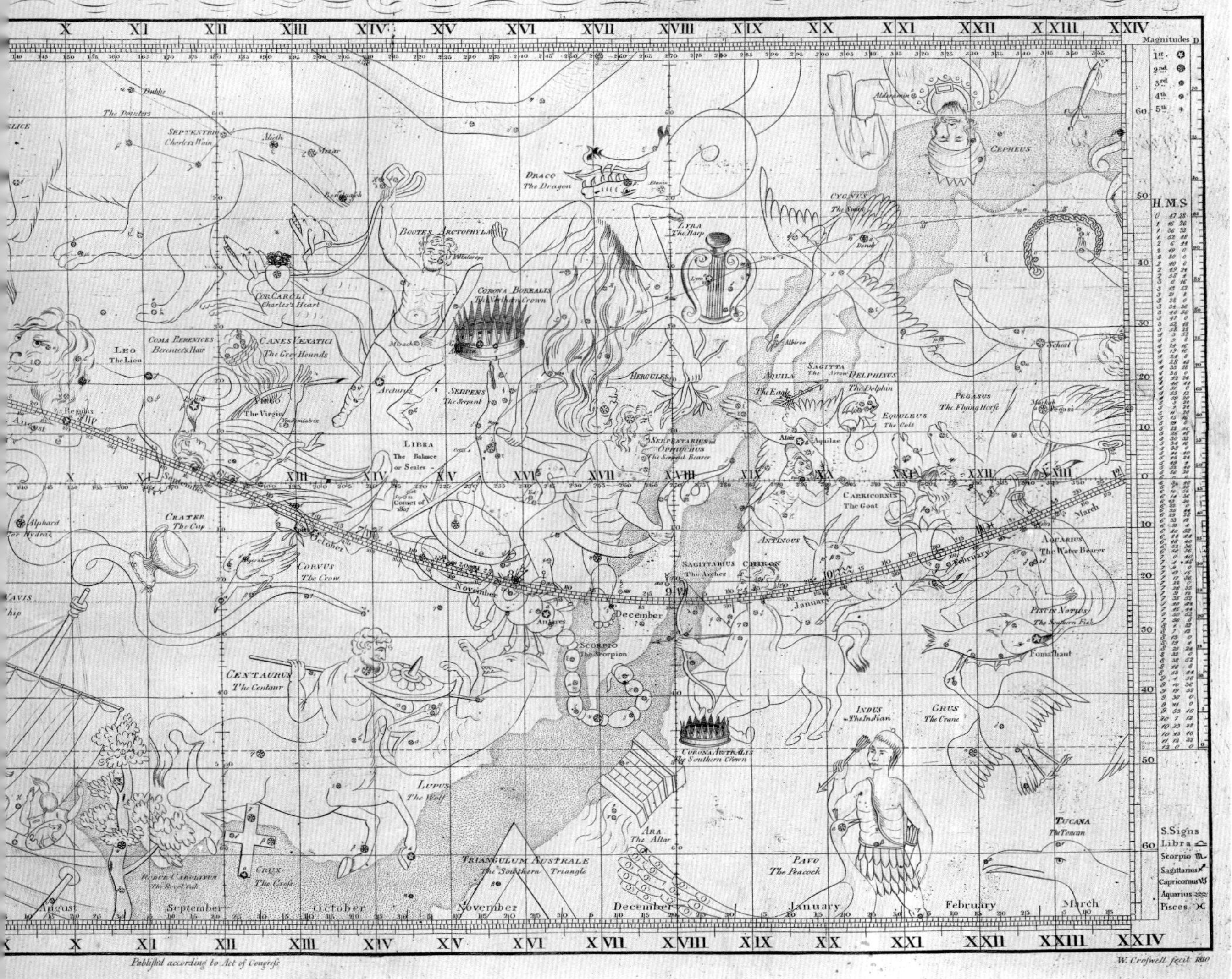
, comprehending the whole Equinoctial, and terminated by the Polar Circles.
Magnitudes
H.M.S
The Pointers
Dubhe
Alioth
Alcor
Charles's Wain
Draco
The Dragon
Cepheus
Cygnus
The Swan
Deneb
Lyra
The Harp
Bootes Arctophylax
Arcturus
Corona Borealis
The Northern Crown
Cor Caroli
Charles's Heart
Canes Venatici
The Grey Hounds
Coma Berenices
Berenice's Hair
Leo
The Lion
Regulus
Virgo
The Virgin
Serpens
The Serpent
Hercules
Libra
The Balance
or Scales
Serpentarius or Ophiuchus
The Serpent Bearer
Aquila
The Eagle
Atair
Sagitta
The Arrow
Delphinus
The Dolphin
Equuleus
The Colt
Pegasus
The Flying Horse
Markab
Scheat
Antinous
Capricornus
The Goat
Aquarius
The Water Bearer
Alphard
Crater
The Cup
Corvus
The Crow
Comet of 1807
Sagittarius
The Archer
Chiron
Scorpio
The Scorpion
Antares
Piscis Notius
The Southern Fish
Fomalhaut
Centaurus
The Centaur
Corona Australis
The Southern Crown
Indus
The Indian
Grus
The Crane
Lupus
The Wolf
Ara
The Altar
Crux
The Cross
Triangulum Australe
The Southern Triangle
Pavo
The Peacock
Tucana
The Toucan
August
September
October
November
December
January
February
March
S.Signs
Libra
Scorpio
Sagittarius
Capricornus
Aquarius
Pisces
Published according to Act of Congress
W. Croswell fecit 1810

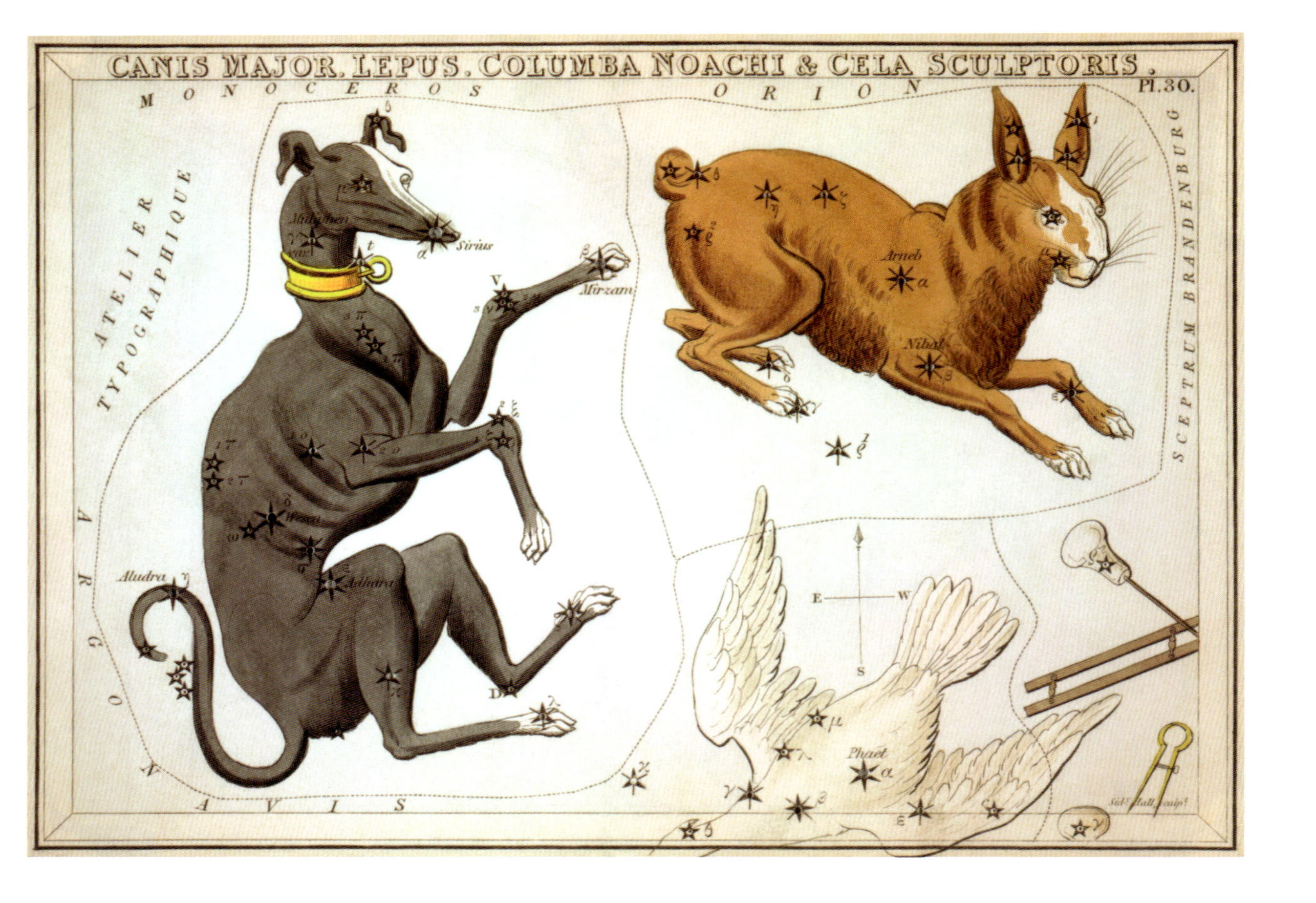

Urania's Mirror

『ウラニアの鏡』

1825年に英国ロンドンで発売された『ウラニアの鏡』は、美しく鮮やかな星座のイラストが描かれた32枚のカードで、クリスマス商戦用の商品だろう。白黒版は1ポンド4シリング、カラー版は1ポンド18シリングだった。シドニー・ホールが版画を彫り、イラストを担当したのは「ある婦人」とされている（ただし、実際に女性だったのかどうかは不明）。カードには、ヨシャパテ・アスピンによる『天文学への手引き』という冊子がついていた。イラストは、1823年に出版されたアレクサンダー・ジェイミソンの『星図』をほぼ正確に複写したものだ。その『星図』のもとになったのは、ボーデの『ウラノグラフィア』だ。

『ウラニアの鏡』の初版には、星座を構成している星しか描かれていなかったが、第2版では周辺の星も描かれるようになった。星座を分割している点線は正式な境界線ではない。星座の境界線が導入されたのは1930年のことで、各星座が直線で分割されるようになったのはそれ以降だ。カードの明るい星の中心には穴が空けられており、光にかざして星座の形を見ることができるようになっている。

［1825年］

Elijah H. Burritt, The Constellations

イライジャ・H・バリット、星座

　これは、イライジャ・バリットとF・J・ハンチントンによる『宇宙の地理学を図示するための地図帳』の1856年改訂版に掲載された、ニューヨークのW・G・エバンス作の図版だ。この本は、当時の米国で最も著名な星図で、1830年代から1850年代まで、20年にわたって刊行されつづけた。

　ここには、北半球と南半球のそれぞれの季節の夜空を表した8つの図版が含まれている。掲載されている南半球の星座のほとんどは、現在も使用されている。［1856年］

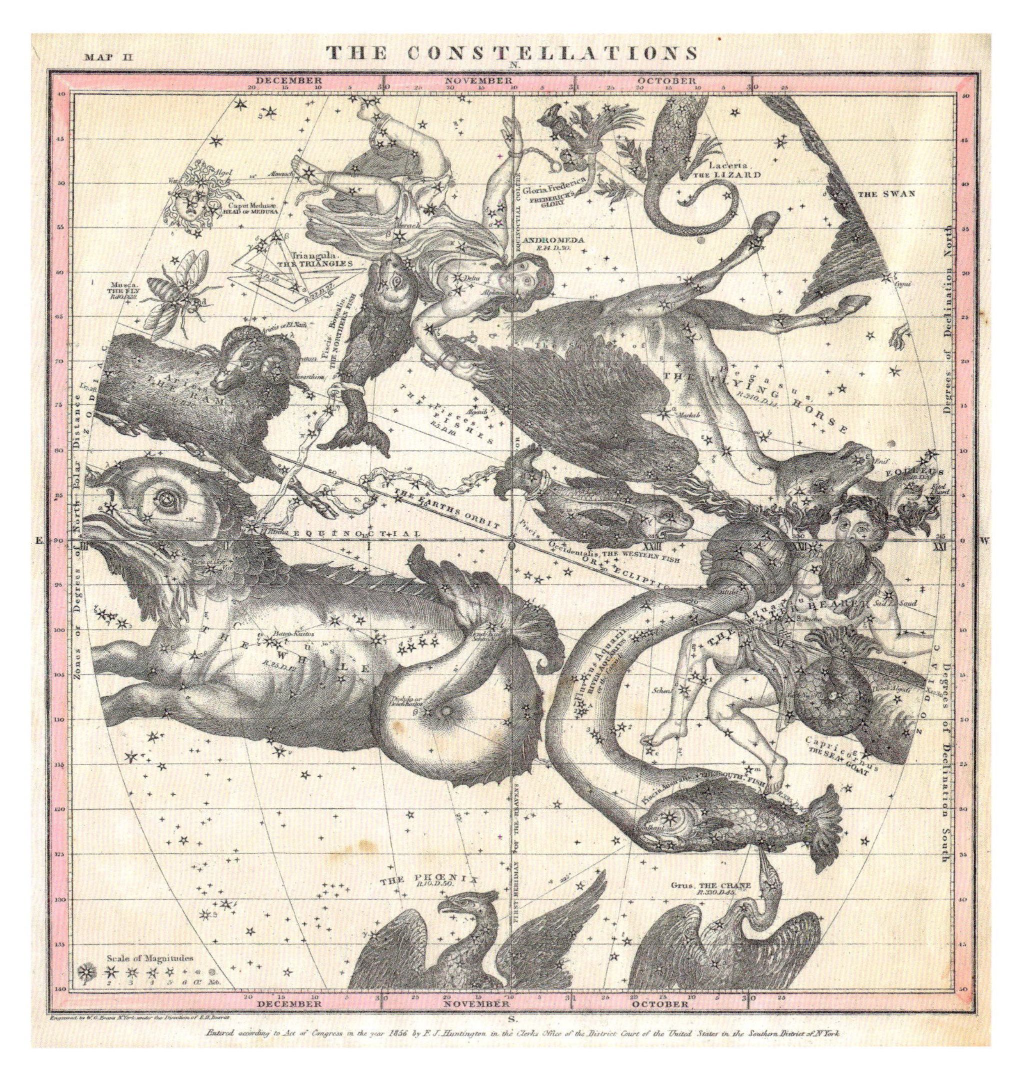

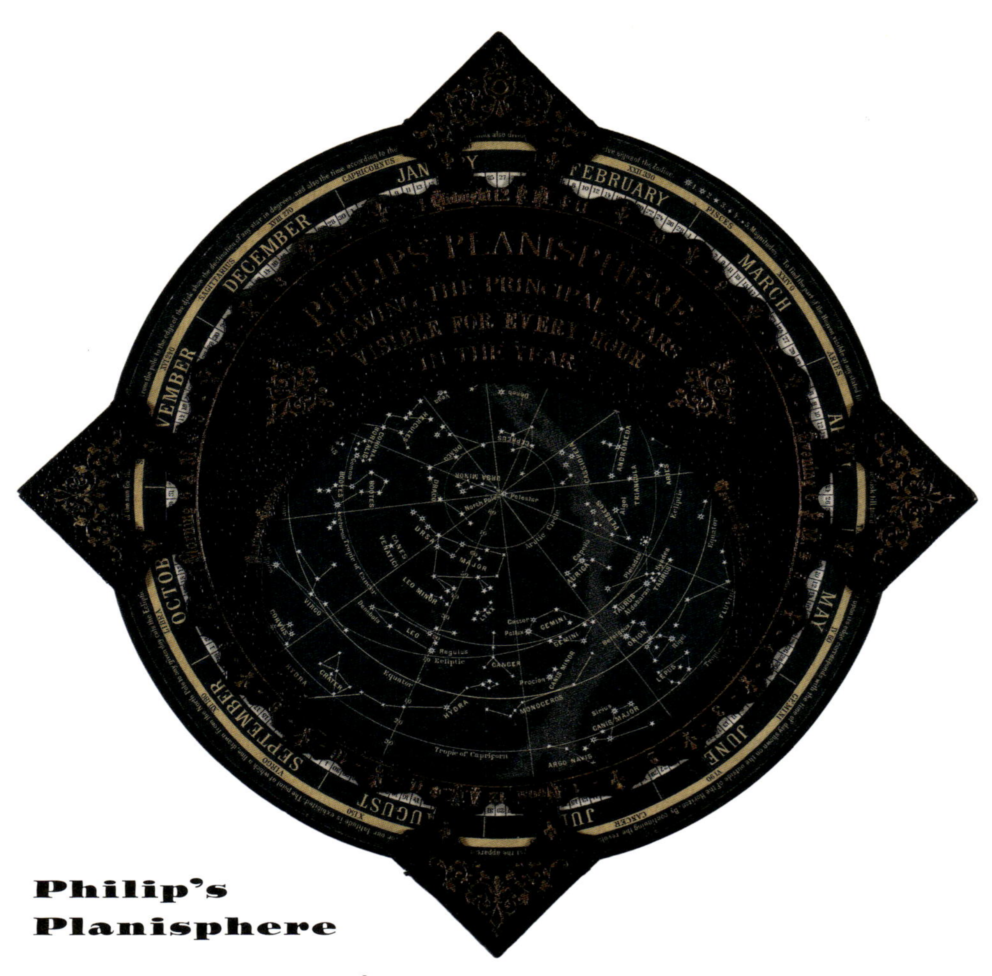

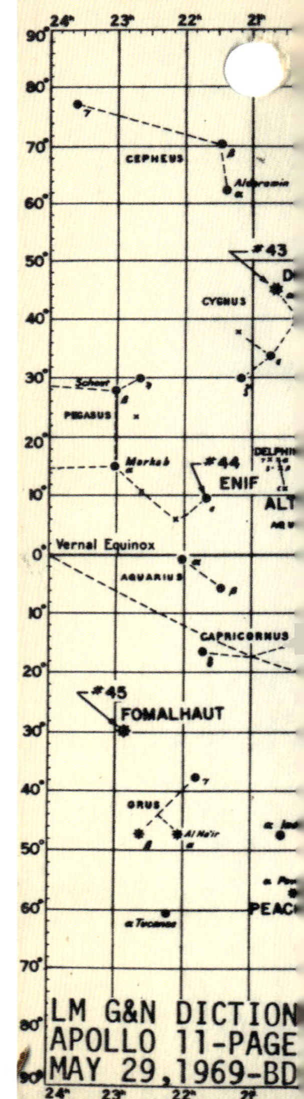

Philip's Planisphere

ジョージ・フィリップ＆サン社、星座早見盤

この星座早見盤は、ロンドンにあった地図出版社ジョージ・フィリップ＆サン社の製作で、北半球で見える星が記されている。地図に重ねられた窓のある部分を動かして、1年のうちのいつでも好きな時間に見える星を確認できる。ただし、緯度が正しくないと正確に表示されない。このような器具は、19世紀末から20世紀初頭にかけて大量生産され、アマチュアにとって天文学がより身近になった。

［1887年］

Apollo 11, Flown Version of Star Map

アポロ11号の星図

これは黄道周辺の主な星座が記載された星図の切れ端にすぎないように見えるだろうが、1969年にアポロ11号の乗組員が月へ向かう際に、実際に携行したものだ。混乱を避けるために、星座を構成する星以外は省略されている。目的地の月も省略されているのは、星に対する月の相対位置が常に変わるからだ。

アポロ11号には、アポロ誘導コンピューターが搭載されていた。月までの航行にこの地図がコンピューターで使用されたわけではない。コンピューターには、2キロワードのRAMと36キロワードのROMしか搭載されておらず、現在のメロディ付きグリーティングカード以下の計算能力とメモリしかなかった。

［1969年］

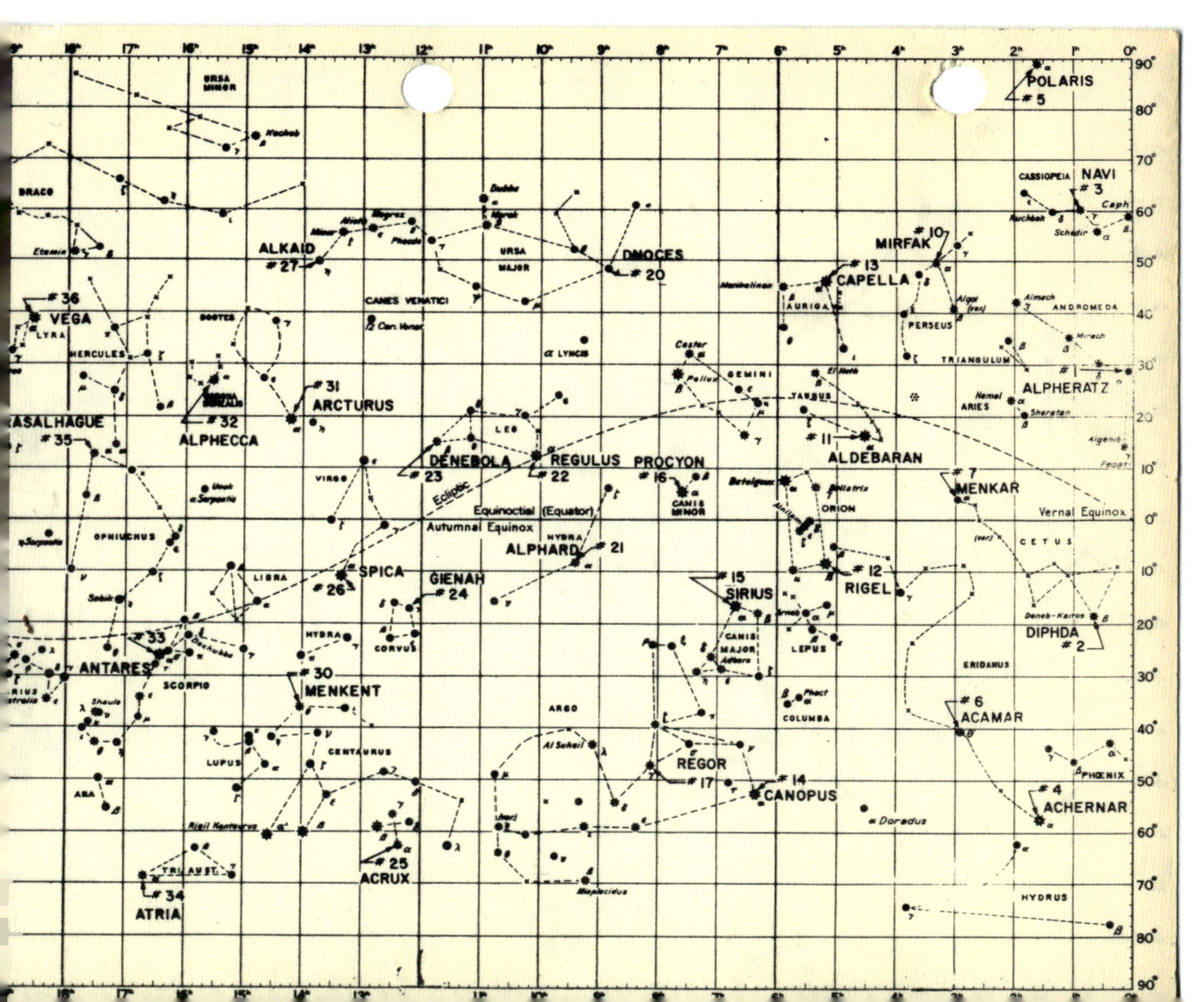

NASA, Crab Nebula

NASA、かに星雲

　この合成画像は、5台の望遠鏡で電磁スペクトルのほぼ全域にわたって行った観測データを組み合わせて作られた。かに星雲は超新星（SN 1054）の残骸で、約7500年前に形成され、1054年に中国と日本の天文学者がその超新星爆発の出現を目撃している。細長い繊維状のガスやちりでできたこの星雲はおうし座にあり、地球からの距離は6500光年だ。［2017年］

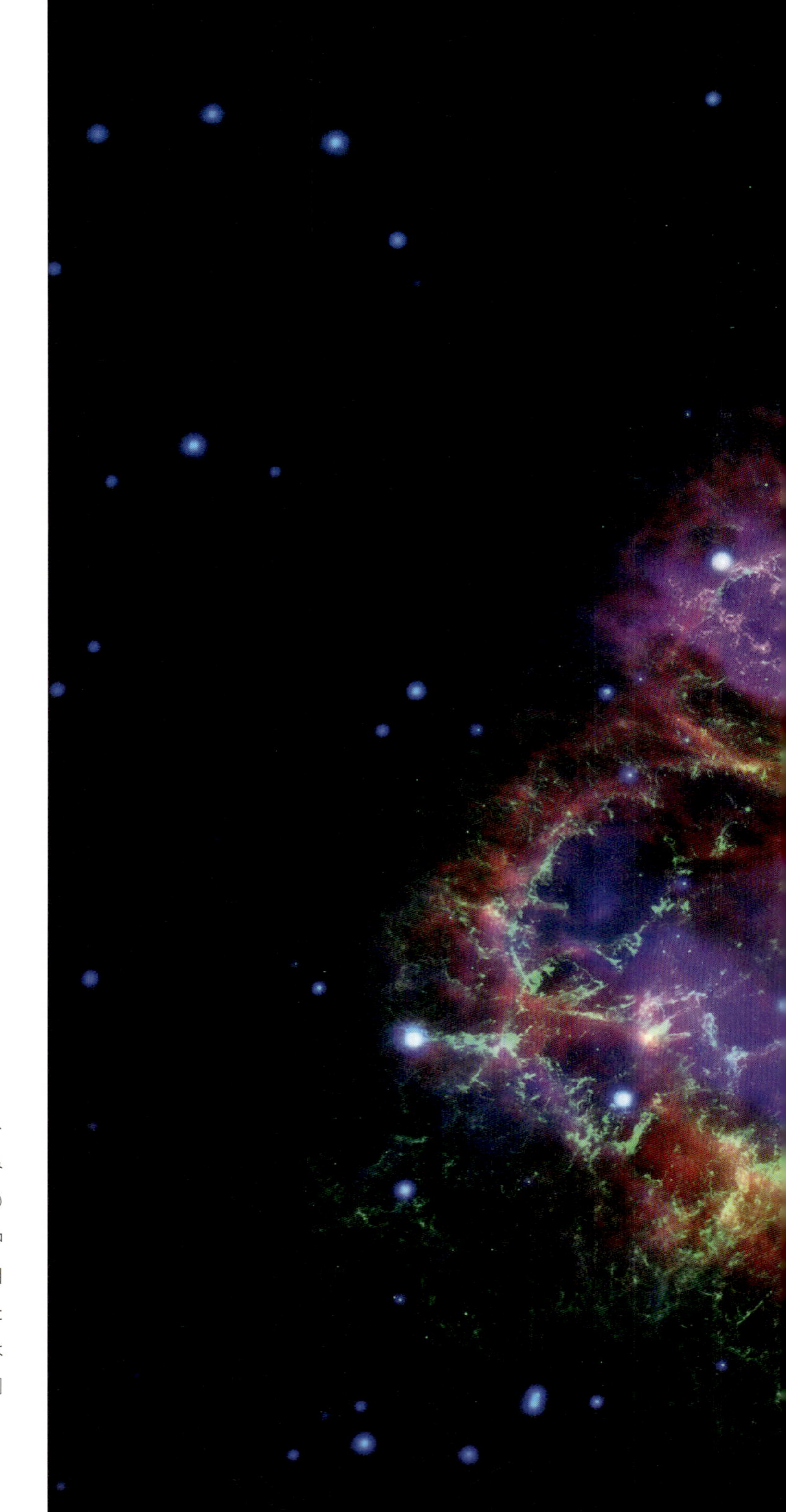

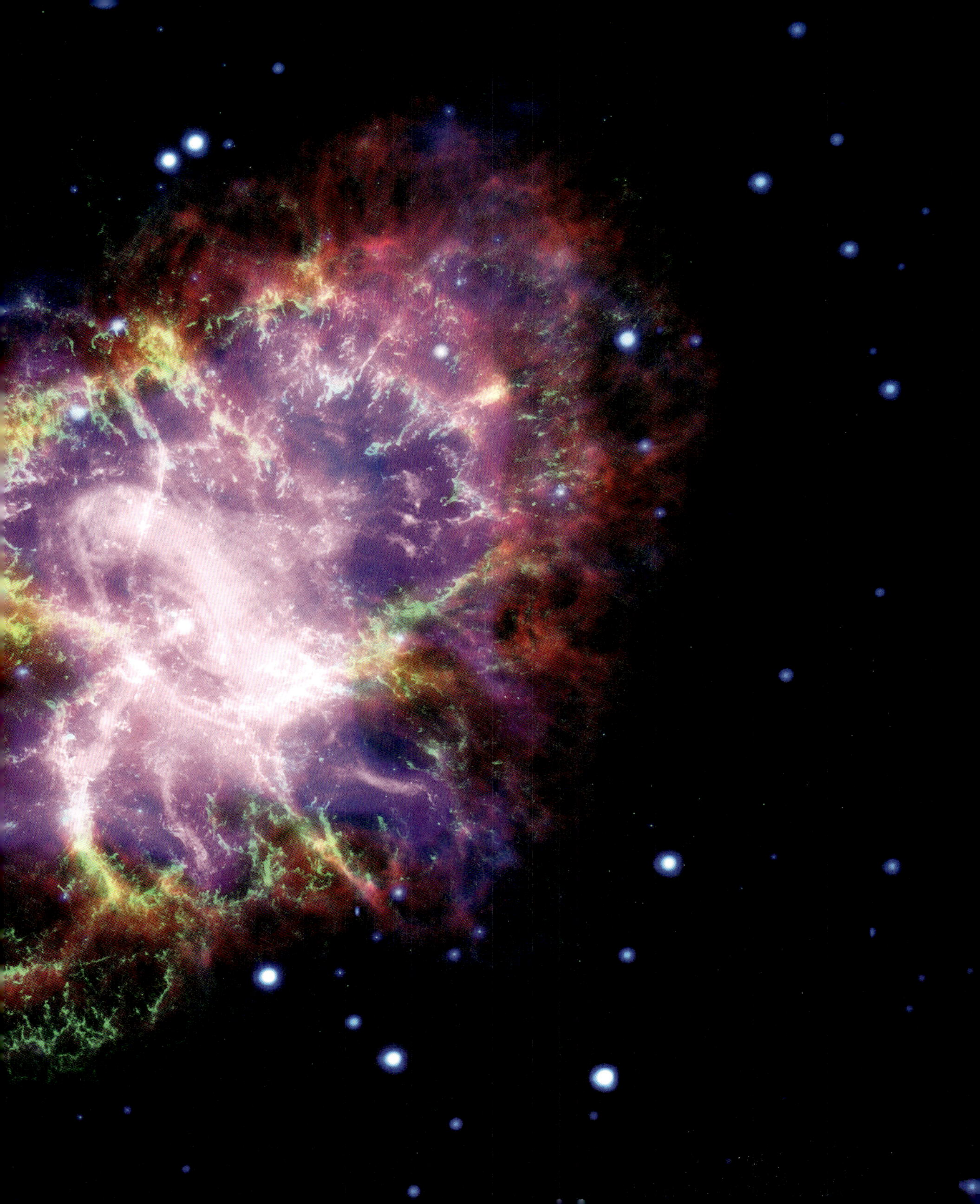

Mapping the Universe

Chapter

6

Infinity and Beyond

無限の彼方へ

宇宙の果てを目指して

プトレマイオスの宇宙は、球体の中に閉じこめられたこぢんまりとした世界だった。ようやくそれが覆されると、星々は制約から解き放たれ、無限の空間に散らばることになった。それから数世紀を経て、天文学者たちは、かつて考えられていたよりもずっと遠くまで星々の世界が広がっていることを知った。その上、宇宙には無数の銀河が存在し、それぞれに無数の星が存在することも突き止めた。天の地図作りは、果てしない作業になっている。

銀河団は、何千もの銀河が重力によって結びついている。4つの銀河団が衝突して生まれたMACS J0717は、既知の銀河団の中でも、最も複雑でゆがんだ形状で知られている。地球からは54億光年離れている。

ウィリアム・ギルバートの著書『宇宙論』に記された宇宙の姿。本書は、1603年に彼が他界したときはまだ出版されておらず、1651年にようやく刊行された（P.46の月の図も含まれている）。ギルバートは、「球状の星々」という考え方を否定しており、星々が太陽系の外に広がっている様子が記されている。

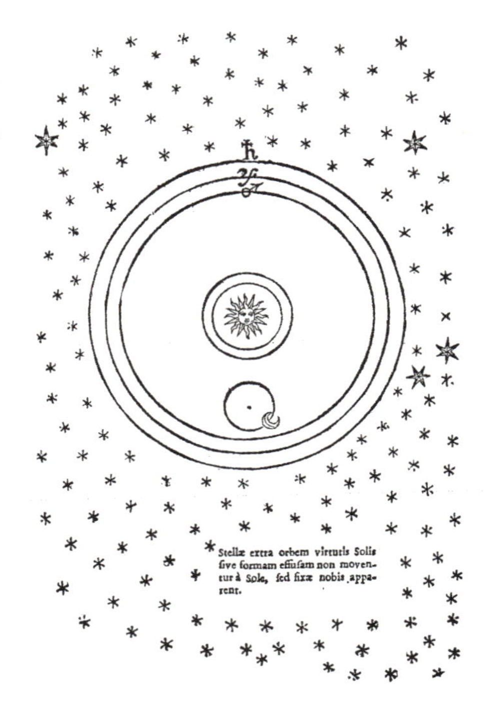

はるか彼方の銀河で……

ガリレオは望遠鏡を使って、天の川が肉眼では識別できないほど遠方にある無数の星の集まりであることを明らかにした。その後、他の銀河が見えるようになっても、直ちに銀河だと認識されたわけではない。メシエが「星雲状天体」（P.122参照）を記録した当時は、星雲が天の川銀河の外にもあるなどと知るよしもなかった。

NGC 1569銀河は、1788年に、ウィリアム・ハーシェルによって初めて記録された。約1100万光年と比較的近くにあって明るいので、ハーシェルの望遠鏡でも観測できた。

1750年、銀河は他にも存在するかもしれないという説をトーマス・ライトが提唱するが、19世紀まで支持を得ることはなく、その後白熱した議論が戦わされ、1929年、米国人天文学者エドワード・ハッブルによって最終的な決着を見る。ハッブルは、高倍率の望遠鏡を使ってアンドロメダ銀河の星を1つ1つ拾い出し、太陽からの距離を計算した。その結果、導き出された地球との距離は100万光年だった。天の川銀河にある最も遠い天体よりもはるかに遠かった。現在の天文学者たちは、130億年以上前、宇宙が誕生したころから旅してきた電磁放射を観測し、そのパターンを活用している。宇宙の全容を表現する天の地図作りがようやく始まったのだ。

はくちょう座の端に位置する渦巻銀河（NGC 6946）。この合成画像は、日本の国立天文台すばる望遠鏡の画像をもとにしている。

Mayan Milky Way Globe

マヤの天の川

これは、200〜500年の間に中米のグアテマラで作られたマヤ文明時代の容器で、渦巻く天の川が宇宙のヘビとして表現されている。マヤ人は、天の川を異世界への通り道と考えた。彫刻が施された部分と何もない部分は光と闇、そして現世界と異世界との絶え間ない争いを象徴している。彫刻部分は、異世界の動物や天体を表す記号で埋めつくされている。

［200〜500年］

Thomas Digges, The Infinite Universe

トーマス・ディッグス、無限の宇宙

英国人天文学者のトーマス・ディッグス（1546年頃〜1595年）は、『ピタゴラスの最古の教義に基づき、後にコペルニクスと幾何学による証明が承認されてよみがえった天体軌道の完全な記述』と題する論文を書いた。右の地図はその論文に収録されており、コペルニクスの太陽を中心とする宇宙像を初めて英語で説明している。ディッグスはコペルニクスのさらに先をゆき、外側に恒星天があるとする考え方を捨て去り、星の世界が果てしなく続く無限の宇宙を提唱した。無限の宇宙という考え方は、紀元前5世紀に古代ギリシャの哲学者たちが議論して以来のことだった。

外側に並ぶ文字には、次のように書かれている。「恒星のオーブは、無限の上方へとどこまでも高く球状に広がる。それは、永遠に輝く無数のまばゆい光で飾られた揺るぎない至福の宮殿であり、質量ともに太陽を凌駕している。完璧で尽きることのない喜びで満たされ、悲しみとはゆかりのない天界の天使たちの宮廷であり、選ばれし者の住処である」

［1576年］

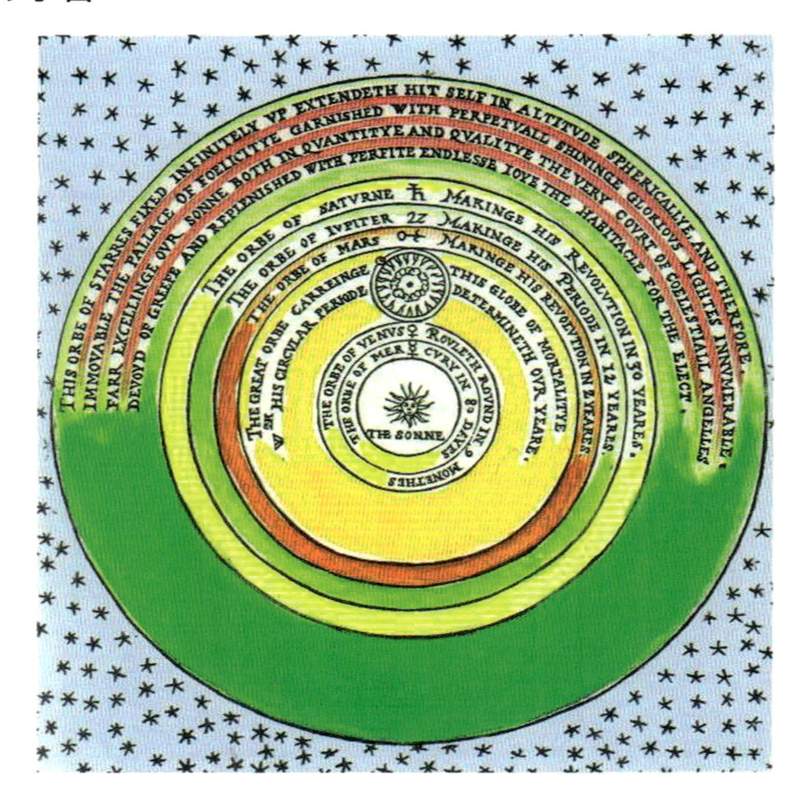

Thomas Wright, Multiple Galaxies, An Original Theory of the Universe

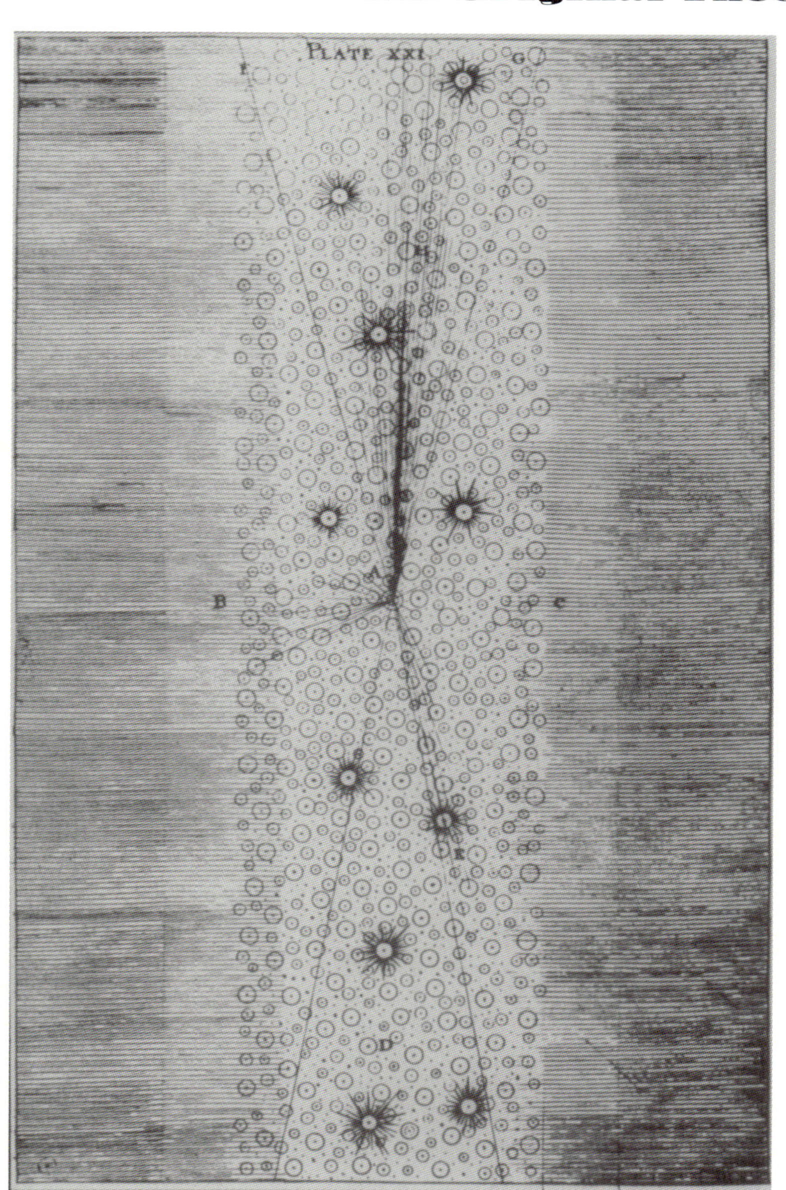

トーマス・ライト、複数の銀河、『宇宙の新理論』より

英国人天文学者のトーマス・ライトは、天の川が円盤状をした星の集まりであり、地球はその内部にあると初めて主張した人物だ。ライトはさらにその考えを推し進め、天の川銀河は独立した銀河の1つにすぎず、夜空に見える星雲状の天体は天の川銀河の外にある遠い銀河だとする「新理論」を打ち立てた。「我々がたくさんの雲状の点としか認識できないものは、おそらく既知の銀河と接している外側の世界だろう。これらは、遠すぎて望遠鏡でも詳しく観察できない」

ライトは、天の川について次のように述べている。「無限の宇宙にいる観客の目には、遠く離れた天体はすべて等しい距離にあるように見える。現象だけから判断すれば、当然ながら天の川は星々の巨大な環と結論づける以外にない。その星々は、完全な円形の宇宙にでたらめに散らばっている」

ライトが提唱した天の川の構造が左の図だ。「平面のようにすべての方向に広がる広大かつ無限の溝、あるいは媒体を想像してもらいたい。それは2つの面の間に挟まれており、その両側とも平らに近い。しかし、視認できる世界の半径の倍、すなわち直径と等しい空間を占めるほどの深さまたは厚みがある」

ライトの革新的な新モデルは、ウィリアム・ハーシェルや哲学者のエマニュエル・カントに影響を与えたが、他の銀河の存在が広く認識されるのは、それから200年ほどがたってからだ。　［1750年］

Edwin Dunkin, Milky Way

エドウィン・ダンキン、天の川

英国人天文学者エドウィン・ダンキンの最も有名な業績は、大評判となった『真夜中の空』と題された天文学の教科書だ。几帳面なダンキンは、綿密な測定や記録をもとにこの本を執筆した。そこには、地球上の異なる地点、異なる時間に観測した天の川が可能なかぎり完全な姿で描かれている。ここに掲載した図は、1869年12月15日に英国ロンドンのグリニッジ天文台で観測された（現在では、光害のためロンドンで天の川を見ることはできない）。

ダンキンは、天の川が無数の星の集まりであり、太陽系はその中にあることに気づいていた。しかし当時はまだ、天の川の外に何か存在するかに関して、一致した見解はなかった。ダンキンは天の川を曲がりくねって隙間のある無数の細かい星の集まりとして表現したが、その根拠は説明していない。

「この見事な星雲状天体は天球に長く伸びており、ある場所で分岐して2つに分かれ、後に再び合流する。全体の印象は、明るさにばらつきのある白っぽい光の広がりだ。しかし、倍率の高い望遠鏡で見れば、無数の星々が密集していることがわかる。非常に遠くにあるため、光の集まりであっても肉眼では星雲状にしか見えない。……天の川にある無数のごく小さな天体は……私たちになじみ深い星々の美を鑑賞する場としてこの上ない。星々は、暗い夜空を背景に輝く塵のように、視界いっぱいに広がっている」 ［1869年］

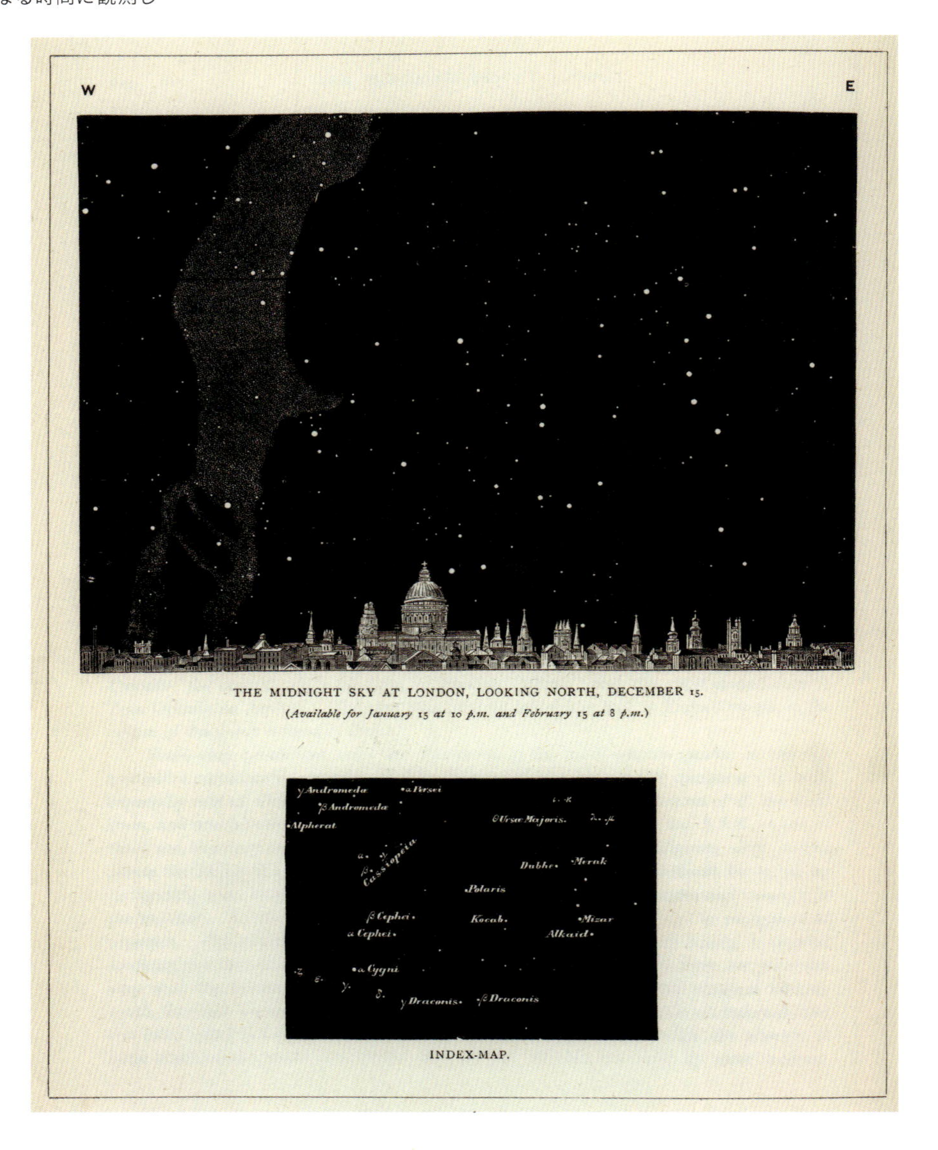

THE MIDNIGHT SKY AT LONDON, LOOKING NORTH, DECEMBER 15.
(*Available for January 15 at 10 p.m. and February 15 at 8 p.m.*)

INDEX-MAP.

Flammarion Engraving

フラマリオンの版画

この版画は、カミーユ・フラマリオンの著書『大衆のための気象学』の挿絵だ。中世の宣教師が、天空と地平がきちんとつながっていない場所を見つけ、そこをめくって宇宙の背後にある仕掛けを知る。この図は、中世の天文観の象徴として他でもよく利用された（図の一部のみが利用されることも多かった）。また、宇宙の運行の説明に、物理法則が、神や超自然的な存在に取って代わりはじめたころの科学革命の影響を表すものとしても用いられるようになった。　[1888年]

Vincent van Gogh,
The Starry Night

フィンセント・ファン・ゴッホ『星月夜』

1889年、入院中だったオランダ人画家フィンセント・ファン・ゴッホは、フランスのプロバンスにある療養所の東向きの窓から見える夜空を描いた。これは、その30年ほど前にアイルランドの天文学者、ロス卿が残した渦巻銀河のスケッチに似ているという指摘もある。おそらくゴッホは、フラマリオンの有名な天文書を通して知っていたはずだ。ロス卿は、この天体が渦巻き型をしていることを最初に提唱した人物だ（当時は、別の銀河であることはわかっていなかった）。回転花火銀河とも呼ばれるその銀河は、肉眼で見ることはできない。にもかかわらず、ゴッホは望遠鏡で見たような姿で描いている。この175年ほど前にドナート・クレーティが見せた技量を思わせる（P.94参照）。　［1889年］

1850年のロス卿のスケッチによる子持ち銀河の版画。

NASA, Antennae Galaxies

NASA、触角銀河

2つの銀河がゆっくりと宇宙の地図を書き換えている。触角銀河と呼ばれる、6500万光年先のNGC 4038とNGC 4039が衝突途上にあるのだ。2つの銀河は、もつれ合い、相手を引き裂こうとしながら、数億年にわたって重力による戦いを繰り広げている。塵やガスからなる広大な星雲はピンクから赤色に見える。青白色の領域では、星の形成活動が活発に起きている。2つの銀河から放出された星々が長い尾のように伸び、宇宙に広がって2つの銀河をつないでいく。ここではスターバーストと呼ばれる爆発的な星の形成が起こっており、銀河内のガスがすべて流れ込んで新星を生成している。やがてこの2つの銀河は独立した形を失い、合体して1つの楕円銀河になるだろう。

この画像は、ハッブル宇宙望遠鏡で可視光と近赤外線を使って観測した最新データに、それ以前の情報を組み合わせて作成された。この銀河は6500万光年離れているので、地球で恐竜が絶滅したころの姿を見ていることになる。合体の過程はさらに進んでいることだろう。　［2013年］

NASA, Supernova Remnant

NASA、超新星の残骸

メシエが認定した星雲状天体の中には銀河もあれば、超新星の残骸もあった。彼の発見はすべて天の川銀河内だったが、現代の望遠鏡なら、精度は落ちるものの、別の銀河の超新星も見ることは可能だ。天の川銀河の超新星の残骸(つまり、かなり近くにあるもの)は、遠くにある銀河全体と同じくらいの大きさに見える。

メシエは、超新星の位置や形を記録したが、その先へは進めなかった。しかし、現在の技術を使えば、高度な地図作りも可能だ。下の図は、さそり座の近くにある超新星の残骸が放射するガンマ線の明るさを示している。超新星の残骸とは、星が崩壊し、続いて起こる構成物質の四散で、ガスや塵でできた膨張する星雲だ。ガンマ線はきわめて高エネルギーの電磁放射で計測が難しいのだが、この図では、超新星が強力なガンマ線を放射している様子がうまくとらえられており、宇宙線の源はガンマ線であるという説を裏付けている。赤い部分は最も強力なガンマ線が放出されている領域で、最低レベルの領域は青色で示されている。黒い輪郭線は、X線放射の強度の分布を表している。RXJ 1713.7-3946という厄介な名前がついたこの天体は、393年に中国の天文学者が記録した超新星の残骸かもしれない。なお、メシエにはこの超新星の残骸は観測できなかった。彼の望遠鏡で見るには暗すぎたからだ。 [2004年]

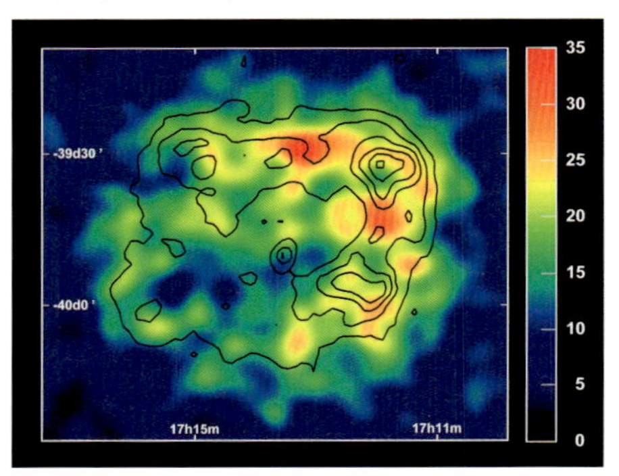

ESA, Milky Way

欧州宇宙機関、天の川銀河

この天の川銀河の地図は、欧州宇宙機関(ESA)が2009年に打ち上げた科学衛星プランクが収集したデータから作成された。天の川を構成しているガス、荷電粒子、塵の濃度を表していて、宇宙が始まったころに発生した宇宙背景放射の地図をつなぎ合わせて作られている。

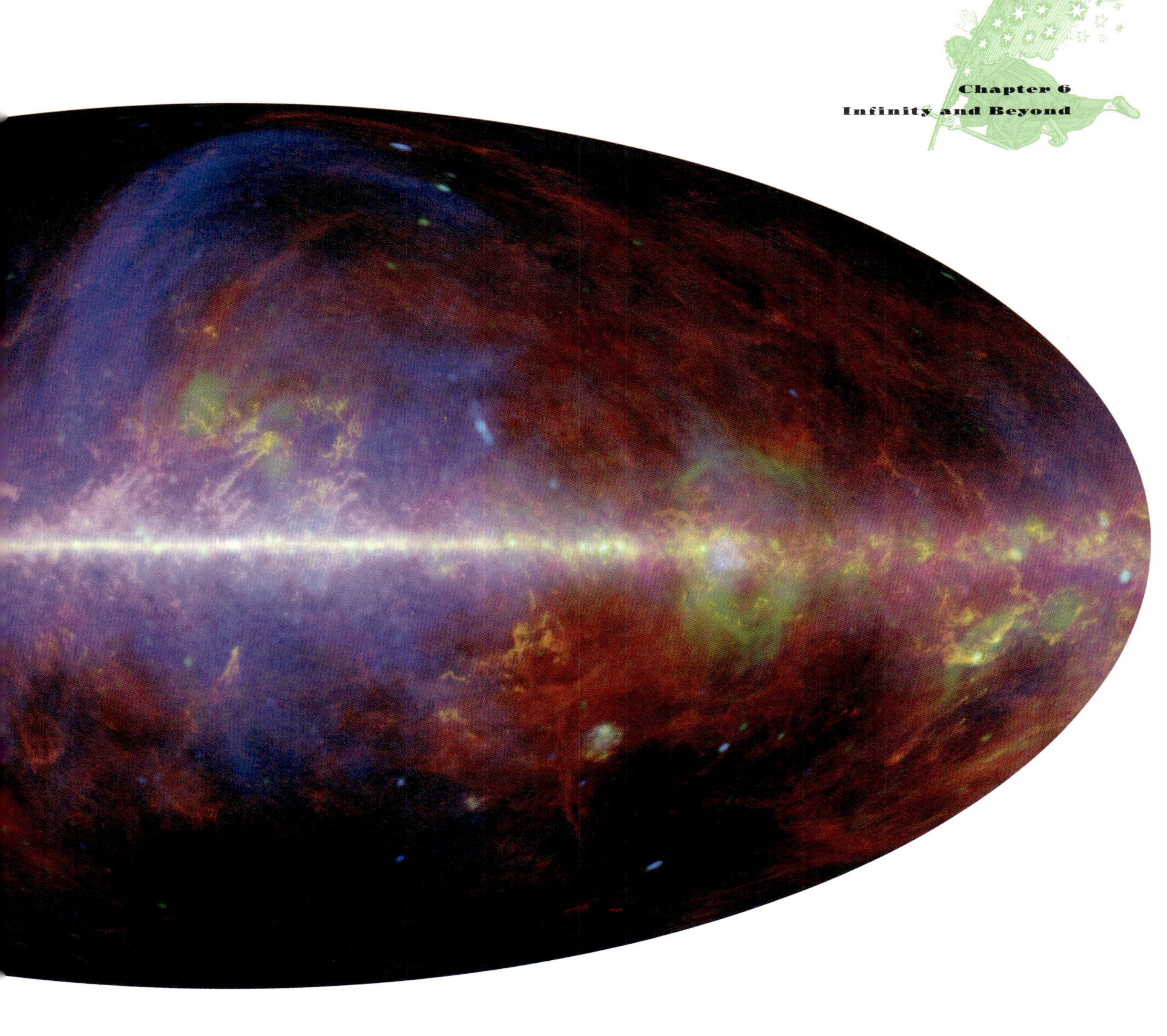

画像の色の違いは、物質や放射の種類の違いによる。赤は、熱を発している塵を示し、黄色は、一酸化炭素のガスや塵が密集する星雲で、ここでは新星が生成している。青と緑は、異なる種類の放射を示している。青は、シンクロトロン放射光で、超新星から発せられるなど、高速電子から生じる。この電子は、天の川銀河の磁場に沿って光速に近い速度で移動している。緑は、電子と陽子が接近、減速し、結合して生じた放射だ。大質量の恒星付近のイオン化した高温のガス星雲で見られる。

［2009～13年］

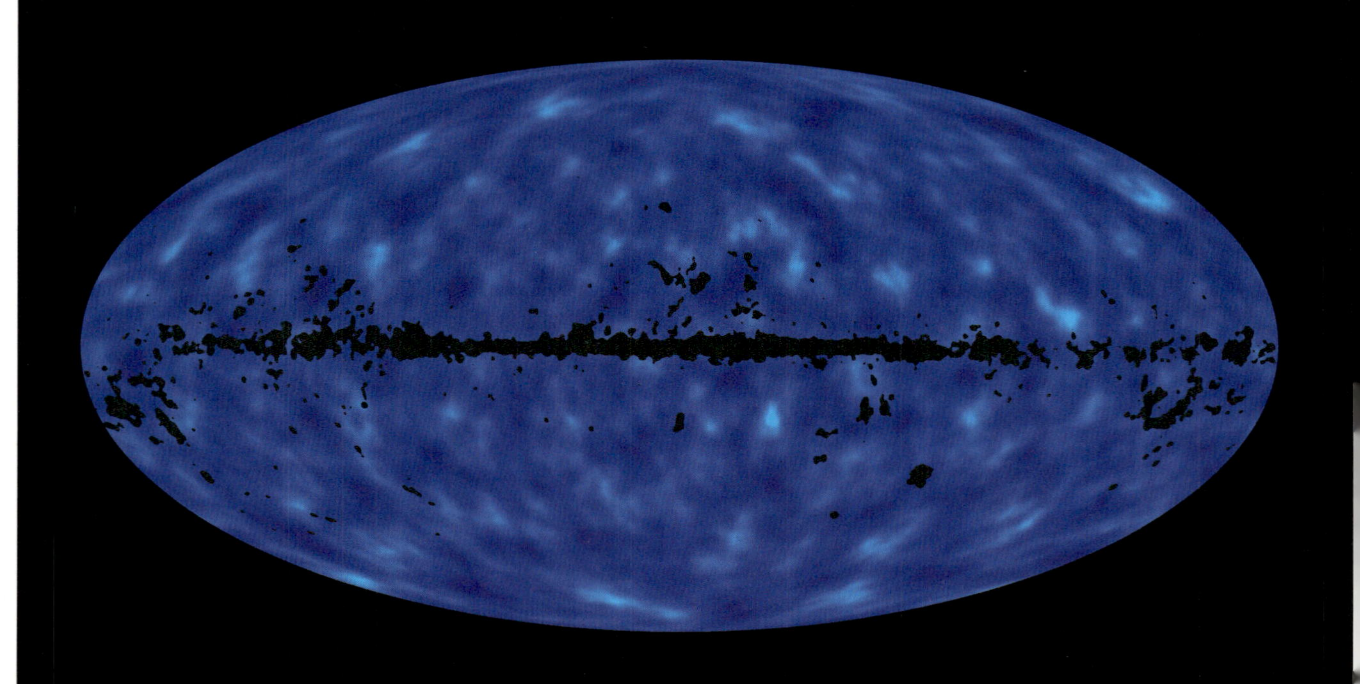

ESA, Entire Universe

欧州宇宙機関、全天画像

この画像は、欧州宇宙機関（ESA）の科学衛星プランクが収集したデータから作成され、地球から外縁にいたるまで、全天での物質の分布を表している。質量が多い領域は薄い色、少ない領域は濃い青で示されている。中央を横切る黒い帯は天の川銀河の光が邪魔で見えない部分だ。はるか遠い宇宙のデータを収集する際に、光は障害になってしまう。［2015年］

索引

あ行

か行

さ行

た行

な行

は行

ま行

や行

ら行

わ行

アルファベット

Picture Credits
AKG Images: 94 (Rabatti & Domingie); **Alamy Stock Photo**: 10 (Photo Researchers, Inc.), 11 (Pictorial Press Ltd.), 19 (Science History Images), 110 (Science History Images), 112 (Science History Images), 119 (World History Archive), 120-121 (Science History Images), 136 上 (Paul Fearn), 161, 183 (Science History Images); **Bridgeman Image Library**: 9, 22-23, 24, 29, 114, 124, 136-137 下, 140-141, 142, 172, 184 下; **California Map Society**: 40-41; **Digital Museum of Planetary Mapping**: 56, 56右, 58-59; **Diomedia**: 98下 (Stockrek Images), 128 (Photononstop/Patrick Somelet), 143 (Wellcome Images CC), 168左 (De Agostini), 162 (Heritage Images), 163 (Heritage Images); **European Space Agency**: 123左, 126-127 (Hubble & NASA), 186-187; **Getty Images**: 7 (Universal Images Group), 14 (Bettmann), 27, 32-33 (Universal Images Group), 36-37 (De Agostini), 51 (De Agostini), 60 上, 88 (DEA/A. Dagli Orti), 122 (Corbis/VCG), 134 (UIG), 135 (UIG), 148 右 (De Agostini), 149 (UIG), 182 (SSPL/Science Museum); **Google Earth**: 90-91; **Hubble Space Telescope**: 179, 185; **Mary Evans Picture Library**: 113 上; **Metropolitan Museum of Art, New York**: 52-53, 61; **NASA**: 44-45, 64, 65, 66 (Goddard Space Flight Center/DLR/ASU), 67, 72-73, 74 (JHUAPL/SwRI), 78 (Johns Hopkins University Applied Physics Laboratory/Carnegie Institution of Washington), 79 上 下 (Johns Hopkins University Applied Physics Laboratory/Carnegie Institution of Washington), 85 上下, 92, 108-109, 111 上, 131 下, 172-173, 174-175, 176-177, 178 下, 186 右下; **New York Public Library**: 180 上; **P. Frankenstein/H. Zwietasch**: Landesmuseum Wurttemberg, Stuttgart: 132; **Science & Society Picture Library**: 49 (NASA); **Science Photo Library**: 20, 21 (Library of Congress, Geography and Map Division), 25 (Library of Congress), 26 (Library of Congress), 28, 50 上, 57 左 (Royal Astronomical Society), 59 (American Philosophical Society), 68-69 (Dr A.W. Grossman et al), 71, 76 (Royal Astronomical Society), 77 (US Geological Survey), 80 (Science Source), 81 (Library of Congress), 87 (Detlev van Ravenswaay), 89 (Royal Astronomical Society), 96-97 (Damian Peach), 98 上 (NASA/JPL/Space Science Institute), 100 (European Southern Observatory/L. Fletcher), 102 (Universal History Archive/UIG), 106上 (Royal Astronomical Society), 116 (Library of Congress), 117 (Humanities and Social Sciences Library/Rare Books Division/New York Public Library), 118 (Science Source), 125 (European Space Agency/ Rosetta/MPS for Osiris Team MPS/UPD/LAM/IAA/SSO/INTA/UPM/DASP/IDA), 145 下 (Royal Astronomical Society), 165, 166 (United States Naval Observatory), 168-169 (Library of Congress, Geography and Map Division), 181, 188 (ESA/NASA/JPL-Caltech); **Shutterstock**: 4-5, 8, 12-13, 74-75; **Topham Picturepoint**: 146 (Charles Walker), 147 (Charles Walker), 158 右 (Alinari); **University of Manchester**: 115 左右; **Wellcome Library, London**: 111 下.
Diagram on page 50 by David Woodroffe

天空の地図
人類は頭上の世界をどう描いてきたのか

2018年3月19日　第1版1刷

著者　アン・ルーニー
訳者　鈴木和博
編集　尾崎憲和　葛西陽子
編集協力　大内直美
デザイン　三木俊一＋高見朋子（文京図案室）
発行者　中村尚哉
発行　日経ナショナル ジオグラフィック社
〒105-8308 東京都港区虎ノ門4-3-12
発売　日経BPマーケティング
印刷・製本　シナノパブリッシングプレス

ISBN978-4-86313-406-5
Printed in Japan